建 筑 节 能 37

Energy Efficiency in Buildings

涂逢祥 主编

中国建筑工业出版社

图书在版编目（CIP）数据

建筑节能.37/涂逢祥主编.—北京：中国
建筑工业出版社，2002
ISBN 7-112-05135-5

Ⅰ.建... Ⅱ.涂... Ⅲ.建筑—节能
Ⅳ.TU111.19

中国版本图书馆CIP数据核字（2002）第033855号

建筑节能 37

Energy Efficiency in Buildings

涂逢祥　主编

*

中国建筑工业出版社出版、发行（北京西郊百万庄）
新 华 书 店 经 销
北京市兴顺印刷厂印刷

*

开本：850×1168毫米　1/32　印张：6⅛　字数：162千字
2002年6月第一版　2002年6月第一次印刷
印数：1—3,000册　定价：12.00元

ISBN 7-112-05135-5
TU·4559　（10749）

版权所有　翻印必究
如有印装质量问题，可寄本社退换
（邮政编码100037）

本社网址：http://www.china-abp.com.cn
网上书店：http://www.china-building.com.cn

主编单位
  中国建筑业协会建筑节能专业委员会
  北京绿之都建筑节能环保技术研究所

主　编
  涂逢祥

副主编
  郎四维　白胜芳

参编单位
  北京中建建筑科学技术研究院
  北京振利高新技术公司
  北京亿丰豪斯沃尔新型建材公司

编辑部通讯地址：100076 北京市南苑新华路一号
电　　　话：010-67992220-291，322
传　　　真：010-67962505
电 子 信 箱：fxtu@public.bta.net.cn

目 录

建筑供热体制改革

我国供热体制改革的基本思路 …………… 王天锡（1）
天津市供热体制改革的实践经验 …………… 崔志强（4）
对城市住宅供热采暖收费制度改革中一些问题的思考
　……………………………………… 徐晨辉等（8）
住宅供热计量综论 ………………………… 孙恺尧（18）
集中供热按表计量收费室内系统的设计方法 ……
　……………………………………… 高顺庆等（30）
热网调节设备和热计量方式的选用 …… 狄洪发等（40）
从生理卫生和舒适的角度论述地板辐射供暖的特点 ……
　……………………………………… 杨文帅等（47）
太阳能、地热利用与地板辐射供暖 …… 王荣光等（54）

节能建筑与室内环境

人和名苑建筑节能综合措施分析 ……… 赵立华等（62）
锦绣大地公寓——高舒适度低能耗健康住宅的实践 …
　………………………………………… 陈亚君（69）
上海住宅建筑节能潜力分析 ……………… 倪德良（72）
深圳市居室热环境的优化设计 ………… 马晓雯等（84）
深圳市居住建筑夏季降温方式实测与分析 ………
　……………………………………… 范园园等（91）
夏热冬冷地区节能建筑外围护结构热惰性
　指标 D 的取值研究 ……………………… 许锦峰（99）
夏热冬暖地区空调室内空气品质的改善与节能 ……
　……………………………………… 聂玉强等（109）

    吸湿相变材料在建筑围护结构中的应用 … 冯　雅等（120）
国外建筑节能
    加拿大的能耗统计调查方法与实践 … 建设部考察团（127）
    英、法、德三国建筑节能标准近期进展 … 涂逢祥等（131）
    英、法、德三国建筑节能技术考察 ……… 顾同曾等（139）
    欧洲的三幢节能示范建筑 ………………… 白胜芳等（151）
    德国室内采暖节能政策 ………………… Paul H. Suding（162）
建筑节能进展

Contents

Reform of the Space Heating System
Basic Idea on Reform of the Space Heating System in China
·· Wang Tianxi (1)
Experience about the Reform of the Space Heating System in Tianjin ······································· Cui Zhiqiang (4)
Research on Some Problems on the Reform of the Space Heating Billing System of Cities ··················· Xu Chenhui et al (8)
Brief Introduction on the Space Heating Metering of the Residence ··· Sun Kaiyao (18)
Systematic Design on the Space Heating Measurement and Billing in Central Heating System ············ Gao Shunqing et al (30)
Selection on the Regulation Equipment of Heating Net and Method of Heating Metering ············ Di Hongfa et al (40)
Talking about the Trait of the Floor Heating Radiation from the Point of View of Physiology and Comfort ······················
·································· Yang Wenshuai et al (47)
Application of Solar Energy, Underground Hot Water and Floor Heating Radiation ················· Wang Rongguang et al (54)

Energy Efficient Buildings and the Indoor Environment
Analyses on the Energy Efficient Comprehensive Measurement in Renhe Mingyuan Quarter ············· Zhao Lihua et al (62)
Jinxiou Dadi Apartment—Experience on the Healthy Residential Building with Higher Comfort and Lower Energy Consumption
······································· Chen Yajun (69)

7

Analyses on the Potential of Energy Efficiency of the Residential Buildings in Shanghai City ·················· Ni Deliang (72)
Optimizing Design on the Thermal Environment of the Residential Buildings in Shenzhen City ································· Ma Xiaowen et al (84)
Testing and Analyses on the Cooling Method in the Residential Buildings in Summer in Shenzhen City ································· Fan Yuanyuan et al (91)
Research on the "D" Value of the Envelop of the Energy Efficient Buildings in Hot Summer and Cold Winter Zone ································· Xu Jinfen (99)
Improvement and Energy Efficiency on the Indoor Air Quality with Air-conditioning System in Hot Summer and Cold Winter Zone ···························· Nie Yuqiang et al (109)
Application of the Phase Change with Moisture Absorption Material to Building Envelops ············ Feng Ya et al (120)

Energy Efficiency in Buildings Abroad

Method of the Investigation of Energy Consumption in Canada ································· Study Group of MOC (127)
Near Development of the Energy Efficiency Standard in Buildings in Three European Countries ······· Tu Fengxiang et al (131)
Investigation on Technology of Energy Efficiency in Buildings in Three European Countries ·········· Gu Tongzeng et al (139)
Three Demonstration Energy Efficient Buildings in Europe ································· Bai Shengfang et al (151)
Policy for Energy Efficiency in Space Heating in Germany ································· Paul H Suding (162)

Progress on Energy Efficiency in Buildings

建筑供热体制改革

我国供热体制改革的基本思路

王天锡

【摘要】 本文介绍了中国正在进行的供热体制改革的基本思路，其中包括供热收费制度改革、供热管理体制改革与国有供热企业的改革，提出要坚持国家、单位和个人合理负担的原则，还要因地制宜，分段实施，稳步推进。

关键词：供热　改革　思路

供热体制改革总体方向是改变目前福利统包的供热体制，实行用热商品化、货币化和社会化，建立适合国情和适应社会主义市场经济要求的供热新体制。为此，供热体制改革的基本思路大致可分为如下几个部分：

1. 供热收费制度改革。现在住房制度已经货币化。居民使用供水、供热、排水等设施必须交纳一部分费用。从理论上和实践上看，享受供热也必须交纳费用，也就是说谁用热、谁付费，用多少热交多少钱，这是天经地义。问题是过去国有企事业单位一直实行的是福利供热。即使煤、燃气调价，单位也都统统要包下来。结果有的能包，有的包不下来。因此使供热与供水等一样，实行付费制度是供热改革的核心和关键。首先要变供热补贴方式由过去的暗补转为明补，补贴计入工资，超过部分由个人承担。二是热费收取应由过去单位统交改为由个人直接交费。三是热价管理方式由过去的按面积收费逐步转变为按计量收费。四是热量计量方式应由过去热量统包制改为按计量装

1

置进行热量消耗计量。这里面关键问题有两个，一个是补贴的转化问题，另一个计量改造资金问题。停止福利供热后，各级财政、单位原来用于职工供热采暖的各种费用，应该转化职工采暖专项补贴，计入工资，直接向职工发放。采暖补贴资金应该立足于原有各种供热采暖资金的转换。转化资金不足的部分，可以考虑实行全额预算。行政事业单位可在预算中解决；企业和自收自支事业单位，经同级财政部门批准，可在成本费用中列支。关于计量改造资金问题，实行热量计量后，新建筑已有明确规定，关键是已有的建筑，需要大量的改造资金。可以考虑多方筹集资金，也可按照"谁受益，谁投资"的原则，由城市政府、供热企业、职工个人和职工所在单位共同承担。

2. 供热管理体制改革。供热收费制度改革将进一步推动供热管理体制的改革。因此，需要进一步转变政府职能，改进和加强供热行业管理，培育和规范城镇供热市场。行业管理工作的重点要转移到研究制定供热事业发展规划、规范供热市场主体行为、维护供热市场秩序上来。各地要根据国家有关的产业政策和技术标准规范，结合本地实际情况制定城镇供热市场准入条件，包括服务质量标准、技术指标和评估监督办法，加强对取得城镇供热经营权的供热企业的合同监管，维护市场秩序和消费者合法权益。在统一管网规划、统一服务标准、统一市场准入、统一价格监管的前提下，引导和鼓励国有、私有和合作经营企业通过公开竞标的方式，与城市政府签订合同，参与城镇热源厂、热管网的建设、改造和经营，取得规定范围和规定时限的特许经营权。城市政府要结合实际，研究制定实行特许经营制度的相关政策，包括对供热企业在土地使用等方面给予必要的政策扶持；明确供热企业保障热供应和服务连续性的责任和权益，以及应承担的相应风险；建立由政府、企业及用户共同参与的价格调整机制，按照保本微利、收支平衡原则合理确定供热价格，加强政府对供热价格的监管。

3. 国有供热企业改革。目前，国有供热企业在供热行业占有绝对比例，而这些企业要适应供热体制的改革，就必须加快企业改革步伐。为此应进一步深化国有供热企业改革，加快建立现代企业制度。国有供热企业可以通过吸收多种经济成分，改制为多元投资主体的有限责任公司或股份有限公司；鼓励国有大中型供热企业以参股、控股、兼并等形式跨地区经营城镇供热事业，推动供热事业的规模化、集约化经营；要促进供热企业通过加强管理，加快企业技术进步，强化成本约束机制等等，尽快适应市场经济的要求。

为了稳妥地推进供热体制改革，总体上应该遵循的基本原则是：坚持国家、单位和个人合理负担；坚持在国家统一政策目标指导下，地方因地制宜、分别决策；坚持综合配套，分段实施、稳步推进。在改革的时间安排上，在供热补贴的安排上，应该由当地政府根据本地具体实际情况自己确定。

同时还要注意的是，停止福利供热后，要保证最低收入居民家庭的基本采暖需求。各地应根据颁布供热体制改革的政策，按照国家确定的冬季采暖标准，结合本地区实际情况测定维持居民家庭基本采暖条件的采暖费用，作为城镇居民最低生活保障费的构成部分一并发放。有关具体标准可由地方人民政府确定。

我们认为，供热体制改革必须反映现阶段我国供热改革与发展的客观实际和客观规律的总体要求，需要我们各级人民政府和主管部门做大量深入细致的工作，引导全社会的力量去克服困难、破除阻碍、开拓前进。为此，各地在继续探索供热体制改革中，首先是各级人民政府应该切实加强对城镇供热体制改革工作的领导，要结合本地区的实际制定出具体改革实施方案，有关部门也应制定好配套政策，并加强对供热体制改革工作的指导和监督。其次是在稳妥推进这项改革中，必须重视和加强舆论引导，做好宣传解释工作，引导城镇居民转变福利供热采暖观念，取得群众对供热体制改革的理解和支持。三是要特别做好低收入居民家庭的冬季采暖保障工作，维护社会稳定，从而保证改革的顺利推进。

王天锡　建设部城市建设司　副司长　邮编：100835

天津市供热体制改革的实践经验

崔志强

【摘要】 本文总结了天津市供热体制改革的基本经验,说明改革现行供热体制,是对传统供热方式的革命,其难点是收费,改革有利于提高收费率,在改革中,要制定相应的法规,有配套的技术与设备。改革的结果,做到国家、企业和个人都受益。

关键词:天津　供热　改革　经验

总结和回顾天津供热体制改革的实践及所取得的初步成效,我们得出以下结论和体会:

1. 改革现有的供热体制、实行计量收费,符合广大群众的根本利益也是对传统供热方式进行的一次革命,是促进供热行业全面上水平的有效手段。

天津在推广计量供热过程中,在认识上有几次深化。起初,根据国外经验和我们的试验,认识到计量供热能够节能;随着试验的深入,又认识到计量供热是供热收费机制改革的重要手段,也就是说把热作为商品就有品质和数量问题,因此计量是不可缺少的。现在认识到供热计量收费后,人们对热的"商品"意识增强了,对供热企业的要求提高了。这就迫使供热企业对供热系统的设计、安装及运行质量,供热节能系统调节、设备材料等方面全面上水平。供热计量收费改革会大大促进供热行业的技术进步。例如,我市"八大片"补建供热工程技术含量就较高:一是全部按变流量的计量供热系统设计,二是全部按四级(热力站、热源厂、区调、市调）监控系统设计。但是不可否认，目前我国供热的技术和管理水平跟不上供热的建设速度。传统的设计方法和经营管理模式，使城市供热长期以来处于一种粗放式的发展。实行计量供热后，要求供热系统能够按户计量、分室控温并采用新设备、新材料，使传统的既有供热系统调控技术、运行管理的改变。例如新系统水力阻力和供回水温度的设定；变流量系统的流量控制和压力控制；集中供热系统的监控、计量方法和热表选用等等，都需要我们在实践中不断总结，制定各种新的规程和标准加以解决。

2. 当前，收费难一直困扰着供热企业，推行计量供热有利于提高供热的收费率。近几年我们推广的一户一表系统，户外设锁闭阀，能做到用户不交费，不供热。在多年来一直收费难的个别楼栋实行后，收费率令人满意，这大大激发了供热单位实行按户分环计量供热的积极性。这就说明在市场经济体制下，供热企业要彻底解决供热收费难的问题，非走按户控制的热计量收费路子不可。当然，计量供热系统比传统的采暖系统会增加一些投资，因此为全面推行计量供热，国家和地方政府应制定有力的技术、财政扶持政策。

3. 天津凯立花园、龙潭路节能住宅供热计量示范工程及"八大片"老住宅补建供热工程的运行效果均证明：在我国既有供热系统和新建供热系统上推行计量供热，在技术上是完全可行的。

4. 提高我国建筑节能水平必须从推行计量供热和提高建筑物围护结构保温性能两方面同时做起。在按面积收费的情况下，节能与用户的经济利益无关，必然出现节能建筑不节能的现象，阻碍建筑节能工作的开展；另一方面，如果建筑物围护结构保温性能差、供热能耗高，即使实行计量供热，热价也不会大幅度下降，同样无法实现建筑节能的目标。

5. 住宅供热计量收费的试点是否成功，检验的标准应看热用户是否能按用热量的多少缴费，并且看这种收费是否得到各方面的认可。实践证明，推广供热计量收费的难点不是"计量"，而是"收费"。原因是：

其一,供热收费机制的改革是实施热计量收费的先决条件。按面积收费,且单位报销热费,这种收费机制激发不了用户的节能积极性,即使系统按计量供热的要求做也达不到节能的目的,最终也使计量供热失去了的意义。

其二,推广计量供热应有一个合理的供热成本。福利型的收费机制使供热单位不研究供热成本,热用户也不关心供热成本。我国应该怎样制定热价,固定费用和可变费用又怎样制定;另外楼层和朝向不同,耗热量是否需要修正。这些问题若不妥善解决,计量收费同样难以推广。

6. 供热计量收费是一项系统工程,它绝不是在系统上安装一块表,几个阀门就能解决的,必然会出现各种新的问题。在计划经济向市场经济过渡过程中,还必须制定相应的法规,使供热中出现的问题能做到有法可依、有法必依、违法必究。这就需要政府相关部门的支持。实践证明,离开他们的支持和帮助,供热收费机制改革和供热计量技术的推广是不可能的。这几年,天津的计量供热发展较快,与市政府及市建委领导的关心和支持是分不开的。

7. 关于热计量方式,国外有户用热量表和分配表加总热量表两种。采用哪一种方式更好,我国目前尚有争议。总结我市对两种热计量方式试点的经验,并根据天津市的供热现状和资金情况,我们对这两种热计量方式的定位是:经适当改造后,既有供热系统宜优先采用热分配表的计量方式,因为它节省投资,改造简单易行;严格执行按户分环的设计规定并做到按户计量、分室控温后,新建住宅宜选用户用热量表。两种热计量方式各有利弊,但不论采用哪一种方式,计算热费时都应采用两部分摊法。

8. 推行供热计量收费,将进一步合理调整各方的利益分配,能够做到国家、企业、个人都受益。首先,计量供热可节能15%～30%,节能就意味着减少环境污染,社会效益显著;另外,交费主体全部变成个人,政府与企业和热费脱钩,减少用户因供热质量上访告状等问题纠葛,因此政府是支持和鼓励的;其次,热用户既能通过行为节能和系统的技术节能减少热费开支，还能提高室温的舒适度，所以用户个人是欢迎的；再次，供热单位通过计量供热减少的热负荷可扩大供热面积，从而节省热源建设费投资。但是，当前推行供热计量收费改革的阻力主要来自供热单位。供热企业对供热计量收费还存在一种矛盾心态：一方面在收费率偏低的情况下，供热企业寄希望于计量供热能改变"收费难"的局面；另一方面供热企业又怕实行计量收费后，不但收费难的问题没有得到解决，还将引发出其他新问题。但我们认为把热作为商品推向市场是时代的必然，并且供热企业最终还是受益者。收费机制改革到位后，热费全部由个人承担，在燃气、电不再短缺的情况下，热用户就有主动选择供热方式的自由。只有集中供热比其他供热方式经济时，用户才会采用这种方式。否则，如果大量用户改换为其他供热方式，必然导致供热单位负荷率的严重下降，受损失的还是供热单位。所以，只有实行计量供热，适当降低收费标准，迫使供热单位进行技术改造、加强管理、降低成本、以优质低价的服务取信于民，才能使集中供热步入良性发展的道路。

9. 在计量供热的试点和推广中，我们深深感到，随着国家"城市供热按计量收费实施方案"的出台，集中供热事业的发展将给国、内外厂商提供巨大的商机。但是我们也认识到，随着时间的推移，特别是中国加入WTO后，符合供热计量的产品的市场竞争将非常激烈。供热计量事业的发展对我国民族工业而言，既是机遇又是挑战。

崔志强　天津市供热办公室　主任　邮编：300040

对城市住宅供热采暖收费制度改革中一些问题的思考

徐晨辉　方展和　张锡虎

【摘要】 本文通过对城市住宅供热采暖收费制度改革的原则、技术问题以及收费管理方式探讨，试图为建立一种合理、有效的"热"计量模式寻求技术支撑。

关键词： 住宅　供热　采暖　收费　思考

一、城市供热采暖收费改革原则

1. 市场化原则（谁投资，谁受益）

目前，城市供热仍是一种纯福利化的方式，随着市场化进程的发展，供热单位和热用户之间的矛盾愈益突出，热费收缴率下降和供热质量下降之间形成了一种恶性的循环。政府为了改变这种不利的局面，采取了多种措施，但收效甚微。多年的事实告诉我们，忽视"热"的商品特性，不认识"热"自身存在的实际价值，单纯从社会主义福利制角度出发来解决问题是难以行通的，因此，热改是无法回避的问题，非改不可。

市场迫使我们改革，因而改革也必须遵循市场规律。

任何改革都需要付出改革成本，同样，热改也不例外，那么热改的巨大费用从哪里来呢？有人提出过这样的观点，"谁受益，谁投资"，这样的想法恐怕有欠妥之处。改革的受益者是准？是国家，国家卸掉了长期为保证城市供热而付出的巨大的财政支出这个包袱（各采暖地区基本需要地方政府财政补贴才能保证正常供暖）；是供热单位，供热单位采用任何法律允许的手段保证单位利益；是用户，用户同样有权通过法律手段来保证自己的利益，"热"的品质低下，用户可以拒绝缴纳相关费用。因此认为，国家、单位、个人应共同承担改革费用，共同受益。初看起来似有道理，其实难以行通，特别是对既有住宅的改造的巨额费用，政府、单位个人都难以承受。

　　因此，改革资金的筹措应按"谁投资，谁受益"的原则处理。我们必须强调市场规律，经济规律。如果把热改的投资视为市场行为的话，问题解决起来就会变得简单，热改将变为一种自觉自愿的行为。在北京有一些供热改造项目的试点，投资回收期一般为2~3年，这样高的投资回报价值对任何人都具有强大的诱惑力。据了解，北京有不少企业单位试图在供热改造、旧房改造上进行尝试。不难想象，如果政府给予适当的政策和宽松的环境，热改的资金费用自有人为。我们是有理由相信这样的思路是可行的。市场规律迫使改革，同时，改革必须遵从市场规律。

　　与此同时，我们也应注意到作为商品，"热"具有其独有的与其他商品相区别的特性，即社会福利性和垄断性。

　　传统的社会福利供暖存在一定弊端，主要表现为：1. 企业负担不平衡；2. 交费主体与受益主体分离；3. 潜在的社会分配不公平等。但并不能因为现行政策存在不足，就轻易否定其社会福利性存在的必要性，在国外，同样存在这种社会福利，我们的注意力应该集中在如何改变和完善供热福利的实现形式上。比如：改变现行职工采暖补贴方式，变暗补为明补，理入职工工资；采暖交费由职工单位福利制改为全员社会福利制等。这样既可以克服传统福利的弊端，又保证了社会福利的公平实现，保护了大多数人的利益。

　　传统的集中供热方式天然的形成了"热"商品的垄断性，热用户很难随意更改供热方式，即便供热质量不能保证，用户也没有更多的选择。行业的垄断既限制了用户的选择权利，又妨碍了供热单位的主观能动性，因此，行业垄断必须要打破。招标或行业准入等办法看来有助于打破垄断，引入竞争，提高劳动生产率。

2. 法制化原则

有人认为，系统改造了，订立了收费标准，热费收缴率低的问题就解决了，实则很难。目前热费收缴率低下的原因应该认真分析，通常有以下几种表象：1. 没有钱交纳热费；2. 供热质量低引起用户不愿交纳热费。究其原因，应是"热"的福利性、垄断性等特殊属性决定的。由于热用户根深蒂固的对福利性理解与依赖，自觉不自觉地忽略了热的商品价值；同样，由于"热"商品存在的垄断性，供热单位就有了心理依靠。一方面用户埋怨供热质量差而不愿交费，另一方面，供热单位由于热费收缴率低而无能保证供热质量，久而久之，形成恶性循环。

这里，特别要强调的是法制化问题，提高收费率，提高供热质量，不仅仅是技术手段能解决的，锁闭阀方式是对人性人权的嘲笑，不能从根本上解决问题。所以要强调健全法制。在一些地方，其热指标是明确签订在购房合同里的内容，从而建立了法律保证。我们应该借鉴先进经验，通过制定相应的法律法规解决收费率低下、供热质量下降问题。

对那些真正由于经济紧张而无法交纳热费的特困户，我们也应该从人权、福利的角度出发从法律上予以解决。

小结：市场规律、法律制度并重，同时兼顾各个方面的利益是热改成功的前提。

二、收费方式的探讨

根据国内外的经验，人的行为节能取得的效果约为 10%～20%，但这样的效果不是依靠技术能够解决的，目前，国家正在制定有关政策，以最大限度地调动百姓的积极性。采暖收费制度改革正是达到节能、环保的目的的必由之路。热改涉及的问题很多，主要要体现热的商品特性。在北京市强制性标准《新建集中供热住宅分户热计量设计技术规程》的编制过程中的重点工作，就是试图努力解决好所认识到的一些难点，但正如对该规程的审查意见中所指出的："由于分户热计量是一个全新的课题，有些问题尚在探讨中，"。在对《规程》的宣贯中，更多次强调这是一个需要发展和完善的技术文件，因此，不能认为已出台了一些规程、标准和规定，或已进行了一些试点工程，观念上就已经完整了，技术上就已经成熟了。相反，还应在实施过程中，正视各种难点并谨慎地加以处理，以避免发生大范围的后遗症和损失，仍是当务之急。

1. 分户计量的行为节能潜力、成本

对分户计量节能潜力进行恰当的分析，并与投入和运行成本进行比较，才能做出投入和产出综合效益的正确评估，才能有序的而非盲目的推行分户计量。

集中供热住宅的分户热计量，首先是建筑节能进一步深化的需要。《民用建筑节能设计标准（采暖居住建筑部分）》第一次正面提出了分户热计量这个概念，第5.2.1条的条文说明做这样的解释："是为了从按供热面积计费逐步过渡到按用热量计费，提高住户的节能意识。"通过分户热计量和收费，建立用户的经济利益与能耗的直接关系，将会使购房者真正关心住宅的热工质量，并通过房地产市场影响住宅的开发建设，使建筑节能不仅是政府行为，也成为购房者关心的市场行为。

分户计量应该是以建筑物本身满足《建筑节能设计标准》，而且能保证正常供暖为前提，对那些建筑热工水平和供热系统效率低下，致使供热能耗高，热环境质量差，应是大幅度的改善建筑热工水平，多方面提高能源效率，以较少的能源消耗获得较高的热环境质量，而非只在热环境质量差的基础上再抑制合理需求。住房者为节约开支而抑制合理需求，不应是分户热计量的初衷和目的。

就全国范围集中供热地区而言，住宅供热状况主要是总体供热不足，并非过量供暖以至需要通过调节来减少能耗。任何自动或手动的调节手段，都只能调节过盈量，只对供热过量的系统起作用。对于供暖基本正常且较均匀或者供暖不足的系统，即使实行分户热计量和收费，"行为节能"的潜力也是有限的。不区分供热系统的状况，在分户热计量系统中的各个环节，配置昂贵的调控手段，必然导致供热运行成本的提高，最终还是要从供热费中体现出来。

另外，我们还可以分析一下计量的技术成本。假设行为节能的节能潜力为10%。根据对北京市供热现状的调查，以煤为燃料的供热系统的燃料成本不超过 5 元/m^2·年，以 100m^2 的住宅为例，每年可以节约 50 元，若计量装置的价值为 1500 元/m^2，如若通过节约的费用等价的换取热计量装置，需要 30 年（假设贴现率 I＝0）。若计量装置的价值为 800 元/m^2，而需 16 年；若贴现率 I＝6%，则 50 年的现值为 788.09 元，即 50 年内无法收回初投资。况且，计量仪表的寿命有多久也是个问题。当然，对于价格较高的清洁能源情况会好一些，5～10 年可收回热表的初投资。所以，目前情况加装计量设备需要进一步分析。

2. 解决户间传热因素从各个环节都尚未取得合理对策

供暖用热同用水、用电和用燃气不同，主要是存在较复杂的户间传热因素。传统的集中供热住宅，不存在建筑物内部房间之间的传热。在实施分户计量和按热量收费后，因部分房间空置、间断供热或较大幅度调节温度，都会通过隔墙和楼板发生户间的热传递。因此，不能简单的以水、电和燃气的分户计量，来联想用热计量的节能作用。

目前，在采用燃气或电的分户独立热源住宅，尤其是采用电力直接作为热源时，因发生采暖费过高的现象，引起了人们对户间传热因素的严重关注。

户间传热因素，充分显示出所有集中式（非独立式别墅）实行分户热计量的难点：

1）那些不及时缴纳供热费而被停止供暖的用户，只要周边正常供暖，只要稍加辅助采暖，其室内还是可以维持相当高的温度，可以无偿地得到部分热量。如果自行设置电散热器等辅助供暖设备，即可达到舒适温度，这样是否更增加供暖收费的难度？

2）入住率偏低的新建住宅，先入住的用户会面临较多的供热采暖费用的负担。

3)连续采暖的住户较间歇采暖的上班族住户要负担相对更多的采暖费。

4)即使是入住率正常的住宅,也不可避免户间会存在温差和传热,由此提出户用热表的过高精度的要求是否有意义。

为了解决户间传热因素,可以采取对户间围护结构进行保温的办法,但要增加相应的投资费用和占用一定的建筑空间,户间传热也难以彻底解决。在目前外围护结构的保温水平还是较低的情况下,与其在户间围护结构保温上增加投资,不如将这笔投入用于提高外围护结构的保温水平,可以得到更好的综合效益。

户间传热因素对于设计、运行和管理等方面都存在许多复杂问题,而对集中供热系统而言,可能最终要从供热费的合理分配上加以解决。这就需要从根本上调整对于分户热计量的观念。由于建筑热工条件和观念等方面的显著差异,可能不应照搬国外的一些现成模式。

3. 热计量方式和计量仪表问题

应在热源和建筑入口设置热计量装置的基础上,再进行分户热计量。分户热计量的方法有:分户热量表、蒸发式或电子式热量分配表。目前,比较易为人们接受的意见是新建住宅采用分户热量表,原有系统改造采用热量分配表。

分户热量表的热计量方式,从计量的相对精度、物业管理、供热效果和供热室温的调节等方面,均有明显的优点。但必须采用"公用立管的分户独立系统"的全新型式,很难在原有系统改造中实施,除了新系统型式带来的一些复杂的问题外,热量表的显示值并不能作为供热费结算的惟一依据,从本质上它仍是一种热量分配表。此外,仪表本身不可避免的发生多种因素造成的故障和误差,需要进行日常维修和每隔3~5年的定期强制检验标定,这会较多的增加物业管理负担和运行费用。

热量分配表需要安装在每组散热器上,具有价格相对低廉和不需要对原有系统进行彻底改造便可以计量的优点。但由于散热器型式、水流特征和安装方式有千差万别,事实上难以准确确定散热器平均温度的部位,散热量除了与散热器平均温度有关外,还与室温和装饰性暖气罩的热工特性有关,同时可以向室内提供散热量的户内管道又占总散热量的相当比例,其测量结果的误差显而易见。且蒸发式热量分配表每年要由专业部门入户更换计量管并进行计算,同样会较多的增加物业管理负担和运行成本。电子式热量分配表虽可实现远程户外计量,但价格较贵,且传输线路敷设较为复杂。

小结:1)提高建筑物的热工性能的效益要远远好于简单的加装计量设备;2)由于存在户间传热的影响,精确计量每户的用热量比较困难,对用户热计量仪表的精度提出过高的要求意义似乎不大;3)分户计量的投入与节能的经济效益之间应建立合理的联系;4)应寻找合适的采暖计量收费措施。

三、对热计量收费方式的认识

1. 分户热计量特别是按计量收费以后,出于节能和提高舒适度的要求,应能有效的实施分室温度调控。

对新建建筑而言,按热表计量的方式容易被大部分人所接受,从收费方式上显得很公平。国外这样的计量方法通常分两部分:固定部分和计量部分。固定部分相当于电话的"占网费",用于维持建筑的基本温度(防止室温过低而影响使用功能)和室外管网的正常运行;计量部分是完全按照住户的用热量计量的,因为用热量可以调节,能够满足各种用户对热舒适度的要求。对于保温性能好的建筑,计量部分的比例要高一些,固定部分的比例要低一些,反之,计量部分的比例要低一些,固定部分的比例要高一些。在北欧一些国家,计量部分和固定部分的比例是7:3,由于计量比例大,能够充分调动住户行为节能的积极性。国内目前尚未建立统一的标准,在我国建筑节能水平比较差的前提下,固定部分的比例不宜太小。

另外,考虑外墙和户间传热的因素,对于同样面积同样温度不同位置的房间,实际耗能量有很大差异,根据对北京市试点工程的实际测试,对于周围房间不采暖的情况,个别墙体能耗高出正常值最多达 6 倍。而且，目前的购房价格构成中并未很好的考虑这个问题，因此，在计量收费以后应该考虑，尽量使不同位置的住户享受到同样的舒适度的同时,取暖费用也不应相差太多。换言之，应在计量费用的基础上乘以一个修正系数，尽量保证取暖的公平性。然而，修正系数如何取值是件难以确定的事情，可变因素太多，而且难有统一的修正原则。

2. 热量分配计计量法是一种廉价并有一定相对准确性的方式，此法是以散热器温度代表住户的用热量，即不是真实的热量，又没有解决户间传热问题，只能在一定程度上反映用户的用热量占总用热量的比例。适合于旧建筑系统改造。

3. 温度累计法（暂用名）：在热源和建筑入口较为准确的进行热计量的基础上，以各户建筑面积为基础，并参照各户有代表性的室温，确定各户供暖费用的分摊比例。这种思路能较公平的解决现实问题。因为，此法可把热舒适度与热费最直接的联系在一起，而且很好的解决了户间传热问题。

温度累计虽然不能记录每户的实际用热量，但能间接的记录户内的热量留存，留存的热量恰恰是维持室内温度的部分。这样的计量方法能够最大限度的避免各种纠纷，1. 避免了因各户采暖单价不同产生矛盾；2. 避免了在相同的室温情况下各户费用不同而引起的争议；3. 供热公司的利益可以通过总表的计量数据保证；4. 如果全体住户的采暖费用普遍很高，说明住宅的热工性能没有达到要求，这样，住户可以通过法律来解决问题。之所以能够有这样诸多的优点，完全是因为纳入计费的计量部分是供热的热量留存的缘故。

现就一些不成熟的设想简述如下：

3.1 收费原则：1) 以单体建筑为基本计量单位，通过热表计量热用量并计算热费；2) 各户按全采暖期的度时数与建筑面积的乘积进行热费分摊。

3.2 适用范围：集中供热、具备温度调节功能的建筑。

3.3 具体设想：1) 热价：热价由政府科学合理的确定。热价确定应遵循市场化的原则，但考虑到目前集中供热实际存在的垄断性，热价由政府确定比较合适，既要保证使供热单位有合理的利润，又不至于使价格过高的偏离实际价值。2）基本能耗与基本热费：通过建筑耗热量指标（按当地节能标准）与建筑面积的乘积计算出该建筑采暖的基本能耗，基本能耗与热价的乘积即为基本热费。基本能耗和基本热费可以衡量建筑物的设计耗能水平。3）热费的计算：实际能耗高于基本能耗时按实际发生计算热费，即热费＝实际能耗×热价；实际能耗低于基本能耗时，用户按其与基本热费的差值30％加实际发生的计算热费（其中的30％用户交纳的费用主要是为了考虑和调动供热单位和物业管理单位利益和积极性），即热费＝实际能耗×热价＋0.3×（基本能耗－实际能耗）。4. 热费分摊：各户的热费分摊可以按其度时数与建筑面积的乘积占全部度时数与总建筑面积的乘积比例确定。可以用公式表达为：单户热费＝（单户度时数×建筑面积/Σ单户度时数×建筑面积）×热费，其中室温低于8℃（值班温度）时按8℃计算。不鼓励用户将室温设定过低影响其他用户。5. 度时数的确定：（户内平均室温－当地采暖期平均气温）×采暖时间。如果我们对室温每小时测定一次，则，对于整个采暖期的度时数可以表达为：度时数＝Σ（室内温度－当地采暖期平均气温）。当然也可以用其他方式，比如：度时数＝Σ（室内温度－室外温度）这样的计法或许更加准确。6. 室温的测定：通过埋置在各户楼板或墙体的温感器将室温传至设置于物业管理部门计算机系统集中处理。其成本估计将大大低于热表计量。

3.4 问题：1）温度计量设备及安装位置需要加强研究。2）不能充分考虑各户的自由热的影响。3）不能有效的杜绝开窗问题。

小结："温度累计法"能够很好的解决采暖计量收费的公平性问题。费用的多少仅仅取决于室温和建筑物的热工性能。

四、结论

1. "热改"必须坚持市场化、法制化原则。
2. 在现在情况下，行为节能的目的很难达到，进一步提高建筑物的热工性能应该更加现实。

3. 当前的几种热计量方式都存在难以克服的缺陷。

4. 温度累计法可能是热计量收费的较公平方法。

徐晨辉　北京市建筑节能与墙材革新办公室　工程师
邮编：100073

住宅供热计量综论

孙恺尧

【摘要】 本文首先总结了热能表的设计选用经验并评估了主要部件的技术条件。继而述及热表供热系统设计关键。进一步论述了供热计量收费改革的政策及管理。还评述了非常规采暖方式及特殊热计量表以及热表的远程测录。最后瞻望了建筑热能事业的新挑战。

关键词： 住宅　供热　计量

1　热能表的设计选用

1.1　供热适用的热能表

热表＝积分表＋流量计＋热电阻

所谓热力系统适用，系指其中的流量计的型式。

机械式流量计以其简单、便宜，在小流量范围内最多用。但维修、换轮是烦事。超声波流量计以其无运动部件的特点，越来越多被采用。

电磁流量计不被推荐的原因是：

（1）软化水导电率低，使用时间越长误差越大，且为负值，使供热单位不能承受。

（2）用市电。在难保不断电的条件下，计量受质疑。

（3）价高。比超声、机械式均贵。

1.2　生产热表的厂家

1.2.1　国外

（1）机械式　已知约15家，且其所选配的机械式流量计大都从 5 家水表厂定制。

(2) 超声式　3~4 家

1.2.2　国内

(1) 机械式　已知文字资料的超过 20 家。有人在会上说有 200 家。在市场上活跃，且坚持了几年并改进产品，可成批供货的少于 10 家。

(2) 超声式　只有一家声称拟开发。

1.3　型式批准及制造许可

依据计量法，用于商业计量的热表需取得质量技术监督局的证书。

1.3.1　型式批准证书

进口热表首先要通过国家质量技术监督局的法制批准；然后通过指定部门按定型鉴定大纲进行检验。通过者发给"计量器具型式批准证书"。在产品及有关文件中可注明批准号"CPA××年—T××号"。

进口时尚需按商检局的规定检验。

1.3.2　制造许可证

国产热表可通过各省（直辖市）技监局的检验，取得"计量器具制造许可证"：CMA。

有的厂家为了在各省皆能通行，向国家技监局申领 CMA。

1.4　标准

(1) 热表检验标准　正由国家技监局主编。

(2) 热表行业标准　正由建设部组织部分热表厂家编写。

1.5　设计型号选择

1.5.1　原则

(1) 按热量/流量，查厂家样本，择其适用者，是惟一途径。采用"比原管径小一号"或"按管径同号"选，都是错误的。

(2) 选小不选大，原因为了准确。

最大流量一般可达 1.5 倍公称流量。

1.5.2　安装

(1) 表前直管段 3～5 倍直径

(2) 过滤器　机械表前应加；超声表没有要求。

1.5.3　定货单

(1) 必须明确设计在供/回水管上。

(2) 写全按厂家要求的各部件及附件，以免漏订。

1.5.4　主要技术条件

		小超声	大超声	机械式
最小（起始）流量	小的好	2～4～6L/h		
最高水温	℃	120/130		90
电池寿命	年	9	6	15
温度范围	℃	10～160		10～130
温差范围	K	3～150		3～10
ΔP	bar	0.015～0.22		0.1

2　流量计

2.1　机械式流量计

关键在于脉冲传感方式：电子脉冲；磁力脉冲；机械脉冲。其中电子的先进。

有些厂家尚未很重视流量计。有的厂家还处于买个水表装上了事的水平。水表上的齿轮和计数器无用，还有将此像盲肠一样带在表面上。

2.2　超声波流量计

原理及型式：1980～1990年两个传送/接收器先后对发声脉冲，每秒重复对发数千次，对发时间差为纳秒（10^{-9}）级。积算器转换为流量。（见图1及图2）

1990～2000年开发出如图3中的2、3、4式，价差不多，ΔP不一，4式最小。型号小的因回声而难制。

中国技术没问题。但因批量小，使单价太高。且测试设备太贵，尚未见开发。

2.3　超声/机械式选择

2.3.1　年代选用趋势

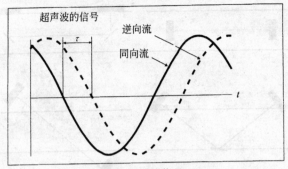

图1 时差信号

超声波传感元件

反射器

图2 超声波流量计剖面

		1990	1995	2000
丹麦	法规加表各种皆有			
	机械		30%～50%出问题	
	超声		<1%出问题	99%购
波兰		没有		
	机械		95%	20%购
	超声		5%购	80%购
沈阳	机械表	1998-冬	4/12	问题（进口）
大庆	机械表	1999两月	6/24	问题（国产）
			3/3	正常（进口）
津墙	机械表	1999-冬	0/96	正常（进口）

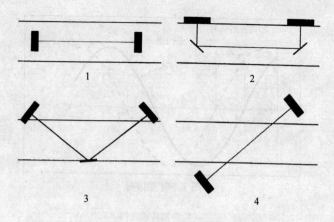

图 3 超声发射型式

2.3.2 比较

(1) 超声的优点

精度高,无运动件,无比例元件(叶轮),免维修。

(2) 水质影响

机械式表出厂时误差并不大,运行时间长误差增加。对不好的水质机械式易受损;超声式不怕。

(3) 价格

二者比价为 1:1.4,差价约 30%,超声式的较贵

3 积分表

关键在于如何修正。欧洲标准规定,将铂电阻的线性度,水的密度,焓值三方面的修正综合成一个系统 K。现各国产品都遵循这一规定。

4 铂电阻

欧洲标准规定,可用铂电阻 Pt100、Pt500、Pt1000。其主要性能见下表。

精度	抗电磁	耗电	材价	Pt	0℃ Ω	+1℃ Ω	100℃ Ω
高	最好	少	低	100	100	0.37	137

| 次高 | 次好 | 次少 | 稍高 | 500 | 500 | 1.93 | 693 |
| 最高 | 好 | 最少 | 高点 | 1000 | 1000 | 3.20 | 1320 |

目前欧洲各国均采用Pt500。表中各比较因素难以加权。

电阻大者，阻值影响少，单位温升的阻值差大，精度高。但是，电阻大者，抗电磁能力较差，可靠性、稳定性差。所以，不能绝对说Pt1000比Pt500好。

铂电阻比半导体热敏电阻及半导体PN结的精度好且稳定，但价较高。国内前二年有采用半导体电阻者，现已不见。

5 热表供热系统设计关键

5.1 热表在系统中的位置

按欧洲标准，如图4。

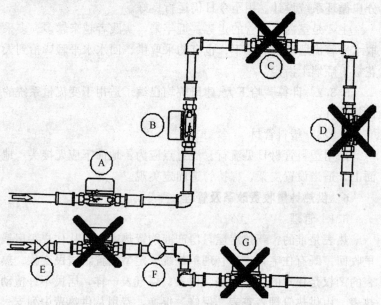

图4 热表在系统中的位置

图中：
A 水平管适合；B 上升管不适于某些机械表；C 不适 因为气囊；D 不适 因为气囊；E 紧连阀后 不适；F 泵的吸入口 不适；G 顺着在两个平面上的两个弯头 不适

5.2 总表及户表

5.2.1 热分配表/户-室，按户分配，各楼安装总热表。同型楼，可在支线只安一台总热表。

5.2.2 全系统分户安热量表，按户计费，不安总热表。

5.2.3 全系统含部分楼热分配表；部分楼分户热表；部分楼无任何表。按总热表换算各部分不同用热单价，各楼安装总热表。

5.2.4 总热表。按欧洲及波兰等改制国实际经验，应在整栋楼安总热表而不是各楼梯口安总热表。

5.3 系统及管材

5.3.1 户内系统

1984年天津市建筑设计院设计的天津市热力公司宿舍楼，按分户循环系统设计。用至今日仍运行良好。

主要是室内水平管的走势。近年来，实践者越来越多。多采取水平管沿墙埋地表面下；也有的采取供、回水水平管皆抬到天花板下顺墙上沿走。

5.3.2 计算 哈工大、建研院均已编了适用于变流量系统的计算软件。

5.3.3 塑料管材

采用塑料管材日见流行。注意点应为：地面下应无接头；地面上，适当设置支架，保持管道固定美观。

6 供热计量收费改革及管理

6.1 管理

热表是谁的？新建房屋，房产商购置热表，再从住户买房钱里收回。既有住宅，供热管理单位统一定型购置，居民交款。热表的产权是住户的。和水表、电表、煤气表一样，居民不许擅动热表。由供热管理者查表、保修、保换，费用从供热费中列支。

6.2 热费

6.2.1 组成

按波兰、俄罗斯等国先行经验，热费按下式计算：

$$F=AGX+BRY$$

其中：

F：热费　　　　　　￥
A：固定费比例　　　％　　　　　由政府确定
G：固定费用　　　　￥/m²　　　由政府确定
X：居住面积　　　　m²　　　　　按住房本
B：变动费比例　　　％　　　　　（1－A）
R：变动费　　　　　￥/kWh　　 政府定价
Y：累计用热量　　　kWh　　　　查表抄数

6.2.2　固定费

固定费体现了管网及热源服务，邻户传热，室内管道散热，公用部分，建筑保温及朝向，热表查、修、换等方面的因素。

开始改革宜将固定费比例设高，按实际情况逐步调低。

6.2.3　变动费

象热电站这样的热源，早有单位热量的价格。但目前定价不宜照搬，只能通过测算，试行比拟法。由政府拍定变动费。待完全推行市场经济才能实现科学的热价。

6.3　供热收费改革的实现

供热收费改革要实现，第一步要改变交费主体。变暗补为明贴。做到谁用热谁交费。这样各个环节才能协调一致，各献其能，起到合力作用：

（1）政府：政策节能：颁布补贴、收费、价格、税收的政策。扶植和资助供热企业改革。

（2）厂商：技术节能。所生产的设备要保质、低价，使改革付出的投入最小。

（3）房产：环节热点。起到中间作用，抓住计量节能楼房的卖点，压下阻碍绕行的误识。

（4）百姓：行为节能。真刀真枪节能，利在自己，功在千秋。

（5）企业：落实节能。供热单位走向市场，改换观念，积极改革。

7 非常规采热的制约点

7.1 地板采暖

最大的特点是对能保持十分清洁的住户,更加舒适。但造价最低为散热器采暖的1.6倍。问题是地下管万一漏水,难以收拾。它可以做到设表分户计量,但难以实现分室调温节能。

7.2 电采暖

我国能源结构中,燃煤仍占76%。受资源限制,今后煤仍为主要燃料。现行的燃煤集中供热价格,受许多非本源的影响,显现出不合理。从单位产能的燃料价格比,煤:燃气:电为1:3:6。除少数特殊高消费小区可用电采暖外,燃煤集中供热及计量收费仍将是主流。

产电过剩地区,电价可降,如能持久,且有协议,不宜限制少量发展的电采暖。让群众在市场中选择。经过一冬以上,成败自定。

7.3 燃气采暖

7.3.1 分户燃气采暖

每$1m^3$煤气燃烧,需吸入$10m^3$氧气,排出$11m^3$烟气。排得出,吸得进才行。室内废气,缺氧窒息不好解决。

住户自行操作,易出误漏,以至事故。哈市一个采暖季爆炸8起。

7.3.2 分楼燃气采暖

设置小型燃气锅炉,专业职工操作,供一幢楼分户计量供热。初投资经济,运行费比燃煤稍高。可试行再论。

8 特殊热计量表

8.1 热分配表

其基础是严格试验得出数据。其计量过程为:先在试验室测热定格;装表过冬后按格反查;经过边角修正,得出分配计量数据。

诸多不同型号,不同片数的散热器测定记录输入数据。存入计算机。查表后再输入计算机查对分配额度。这些智力投资理当偿付。盲目排外与入世观念不符。

想轻易地偷技术,编个"软件",实为根本没弄懂其基础原理。自力发展的正确方向只有投巨资建人工气候暖气片试验室。

大量的试验证明,遮盖等做手脚方法只会增加耗值,对用户自己不利。加冰、吹冷风扇可能欺表,但倒行逆施又何必。

按目前价格,热分配表的购置费加每冬后的查表换蒸发液管的十年服务费,要比装进口热能表便宜。

尤其是旧系统改造难。热分配表以其投入资金少,安装简便,适为既有住宅采暖计量的首选。

8.2 无流量计"热表"

热量的基本概念是,一定流量的水,在4℃条件下,每升高1℃所需的能量。

常规的热能表,当然要按基本概念,测出流量、温差,并修正与4℃标准状态下的差值。

一种无流量计,只测散热器进出口管外温度和室内空气温度的"热表",其热量的关系式被推导为:$Q=A\Delta t_S^B$

此间,系数 A、B 影响因素很多,且在变流量条件下,均为流量的函数。不知流量,怎能划段定 A、B?其中室温的准确性又如何能让计量部门监控呢?

9 热表的远程测录

9.1 遥测/"四表出户"/数据通讯

适用的通讯模块为:调制解调器(Modem);M-Bus;Lon-Works;RS232。上一套数据采集+控制器+计算机软硬件设施要多少钱?热费每年查一次,用这套必要性如何?与我国目前生活水平是否适应?

从各次展览、研讨会了解到,国内外均无实用的"四表出户",曾见过少数国内厂家"四表出户"展牌上的样品。"三表出户"的展板较多,但没包括热表。

9.2 IC卡热表

据多方了解,国外尚无IC卡热表的厂家。不得已要提到的是一家大公司(以S为代名)。S既是中国上市某大IC卡公司的四大芯片供应商之一,又是名列前茅的热表厂家。为什么自己不产IC卡热表?

国内有5家以上的IC卡热表厂家,天津就有3家。

了解到IC卡热表的问题是:易复制、盗热,热表在管井中潮湿灰尘影响触点,读写头暴露电极易损,不能抗静电干扰。IC卡表放在无监视条件的居民楼内,与放在银行或商店柜台不同。

加之本文中谈到的,预付费表需不只能计变动费,还要能适用于加入固定费。

10 迎接新挑战

供热收费体制改革伊始,住户自然会紧接着要求计量收费。居民调节室温节耗后,二次系统成为变流量系统,热交换站则须设置按室外温度调节的电动阀,及泵用调频器,以节下室内未耗之能。热源厂也应设置调节机构,控制抛煤机、炉篦转速,水、风、烟系统的泵、机用调频器。才能在一次系统及热源做到节煤、节电、节水及减少排放。至此,才算建筑节能系统工程完善。

由此所需的资金更需要解决。

这给建筑热能体系带来了新的挑战!

参 考 文 献

〔1〕 徐忠堂.城市供热按热量计量收费的办法势在必行

建设部城建司　北京　2000

〔2〕 欧洲标准委员会报告.Heat meter installation-Some quidelines for selecting, installation and operation of heat meters 布鲁塞尔 1999.7
Friedemann &. Johnson:Retrofitting of Metering and Control Technology for Heating Systems in Residential Buildings

欧洲委员会能源总局　柏林　1994

〔3〕 李先瑞　郎四维.我国建筑供热采暖的现状及问题分析

中国建筑科学研究院　北京　2000

〔4〕 徐伟　邹瑜　黄维　刘向东.按热量计费的住宅供热采暖技术研究

中国建筑科学研究院　北京　1999

〔5〕 中国城镇供热协会、斯伦贝谢公司北京办事处.热量计量收费——欧

洲经验汇编 Bible of Heat Metering and Billing-Experience from Europe　　　　　　　　　　　　　　　　　　北京　1998.11
〔6〕　辛坦．借鉴发达国家经验，正确制定热价政策
　　　　　　　　　　　　　　　　　费特拉公司　北京　2000
〔7〕　Alex Petersen：在区域供热系统中如何选择热量计和流量计
　　　　　　　　　　　　　　　丹佛斯公司　丹麦　诺堡　1997.5
〔8〕　荣根．墨克尔（Jungen Merkel）：热量表的采样检查 EUROHEAT & POWER　　　　　西门子公司　德国　法兰克福　1998.8
〔9〕　刘应宗．城市采暖供热价格构成管理研究　天津大学　天津　2000

孙恺尧　天津市建筑设计院　顾问总工　邮编：300074

集中供热按表计量收费
室内系统的设计方法

高顺庆　高泽庭

【摘要】 本文分析供热计量使供热系统调节发生的变化，并介绍了计量供热系统的设计原则与方法。

关键词： 集中供热　计量　室内供热系统　设计

集中供热由按面积收费改为热计量收费后，供热系统必须符合计量供热的要求，做到运行稳定、室温可控、计量方便可行。这就对集中供热的系统在设计上提出新的要求，现就这个问题做一简单阐述。

一、计量给供热系统调节带来的变化

我们知道，热水供暖系统对住宅供热时，不仅要保证在室外设计温度下，维持室内温度符合设计值，而且要求在冬季室外温度变化时，室内采暖温度仍要符合设计值。要达到以上要求，不仅需要正确的设计，而且还要对热水供暖系统进行正确的运行调节。一般供暖系统调节可分为质调节和量调节两种方式。

1. 质调节

在进行质调节时，只改变热用户散热器内的供水温度，而散热器内的循环水量保持不变。不同室外温度下质调节的供、回水温度可由公式（1）、（2）进行计算。

$$t_{gx} = t_n + \frac{1}{2}(t_g + t_h - 2t_n)\left(\frac{t_n - t_{wx}}{t_n - t_w}\right)^{\frac{1}{1+B}} + \frac{1}{2}(t_g - t_h)\left(\frac{t_n - t_{wx}}{t_n - t_w}\right) \quad (1)$$

$$t_{hx} = t_n + \frac{1}{2}(t_g + t_h - 2t_n)\left(\frac{t_n - t_{wx}}{t_n - t_w}\right)^{\frac{1}{1+B}} - \frac{1}{2}(t_g - t_h)\left(\frac{t_n - t_{wx}}{t_n - t_w}\right) \quad (2)$$

式中：t_g、t_h——采暖系统设计供、回水温度；

t_{gx}、t_{hx}——采暖系统任意时刻供、回水温度；

t_w、t_{wx}——室外设计温度及室外任意温度；

t_n——室内采暖设计温度。

按照质调节公式，可以对不同的室外温度计算出供、回水温度。并制定出图表或曲线，在热源处进行调节，因而运行管理简便。

2. 流量调节

集中供热进行流量调节时，随着室外温度的变化在热源处不断改变供热系统的循环水量，而网络中的供水温度保持不变。采用流量调节时，随着室外温度的升高，网络水流量迅速减小，这不仅使网络流量难以运行管理，而且常常会使供暖系统产生严重的热力失调。为了克服这个缺点，当采用量调节时，在供暖系统的热力入口处一般要加装流量控制或压差控制装置。因此，直到目前为止集中供热很少采用流量调节的方式。

当然还有分阶段改变流量的质调节和间歇调节，本文不作论述。

3. 计量给供热系统调节带来的变化

在按面积收费的机制下，由于质调节简单可靠，所以供热公司一般按定流量或分阶段的变流量的质调节方案进行供暖运行调节。即热网流量在整个供暖期内保持不变，或分阶段改变一、二次流量。由此，从供热角度看，一个供热系统要保证正常运行，只要在初调节时把整个热网的水流量分别调整到用户的设计流量，并做到分配均匀，就能保证室内有合适的温度。这种调节的方式主动权在供热公司，它可以主动的调节控制热网的流量和供热量，调节的原则是按供热面积大小分配流量。由于热用户不能自主的调节自己的用热量，在按面积收费的情况下，室温高了用户开窗放热，室温低了用户会提意见。相反，供热计量后，由于把热作为商品，用热变成消费，众多分散的热用户为了节省热费，会主动限制自己的用热量，房间过热时关小阀门，避免不必要的热能浪费。而供热公司则是尽可能满足热用户的用热要求，争取多供热而取得经济效益。由于热用户自己调节散热器的循环水量，使整个热网的流量和供热量将随之变化。此时供热公司只能被动地适从这个流量和供热量的变化，而不能主动控制。也就是说供热公司不可能再维持定流量的质调节方式，对于供热系统只能采取变流量控制方式。计量给供热系统调节带来的变化，需要设计出新的供热系统来满足这种变化。

二、计量供热系统的设计方法

（一）根据我国国情，供热计量系统的方案设计应遵循的原则

1. 热计量系统在功能上必须具有可调性，可调系统是热计量的前提。

2. 在保证基本控制功能的前提下，热计量系统的建设在经济上投资要省，不能照搬国外热计量系统。

3. 方案应多样化，对不同住宅，不同层次用户要因地制宜地采用不同的供热计量方法。

（二）计量供热室内采暖系统的几种设计方法

1. 室内采暖系统按户分环、一户一表的设计方法

随着住宅功能的提高和供热收费机制改革，新建住宅可在住户外的楼梯间设管道井，室内管道设计成水平式。这样做既便于按户计量，又便于按户控制。具体做法如下：

（1）可设计成双管水平并联式采暖系统（如图 1 所示）。

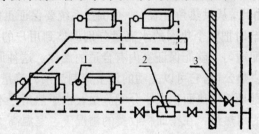

图 1　一户一表式室内双管水平并联采暖系统
1. 温控阀；2. 热量表；3. 锁闭阀

(2) 可设计成单管水平串联跨越式采暖系统（如图 2 所示）。

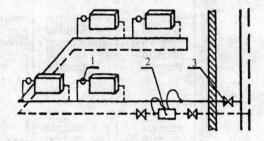

图 2　一户一表式室内单管水平串联双管采暖系统
1. 温控阀；2. 热量表；3. 锁闭阀

由图 1、图 2 可以看出，按户分环、一户一表的热计量的方式，供热系统是设计成水平双管并联或单管串联形式，且设管道井。因此室内供热系统的建设投资要高一些，这种分户控制符合我国国情，是今后发展的方向。

2. 室内采暖系统热分配式设计方法

传统的室内采暖系统，为了节省管材 避免双管系统因高层建筑造成的垂直失调，多年来一般设计成单管顺流系统。实行计量供热后，双管系统直接在散热器上加装温度控制阀和热分配表即可，而单管顺流系统需加装旁通管，改造为单管跨越式采暖系统。它们的供热计量方法简述如下：

(1) 室内双管上供下回式安装热分配表计量采暖系统（如图 3 所示）。

(2) 室内单管上供下回式安装热分配表计量采暖系统（如图 4 所示）。

由图 3、图 4 可以看出，热分配式的供热计量方法是在一栋楼或一个门栋入口处装一块热表，每个用户的散热器上安装热分配表的热计量方法。我市老住宅的单、双管上供下回式供热系统宜采用这种方式，因为它对系统改动小安装费用低。国外从 20 世纪 70 年代开始在老住宅上使用这种计量方式至今不衰，说明它仍有可用价值。对于这种计量方式，若在散热器进口处安装锁闭阀，亦

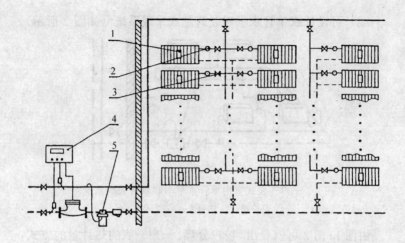

图 3 双管上供下回式安热计量表采暖系统
1. 热分配表；2. 温控阀；3. 锁闭阀；4. 热能表；5. 压差控制器

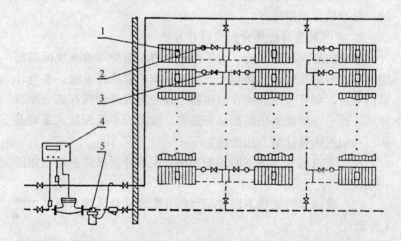

图 4 单管上供下回式安热计量表采暖系统
1. 热分配表；2. 温控阀；3. 锁闭阀；4. 热能表；5. 压差控制器

能解决按户控制，但必须入户关闭阀门。

3. 其他多种方式

（1）用户引入口安装热量表和温控阀，温控阀安装在引入管上，而不是安装在每组散热器上，由于每户温控阀用量少，使造价较低，缺点是不能做到每个房间独立调节温度。

（2）一组用户（例如一个门栋或一栋楼）引入口安装热量表，各用户散热器入口安装温控阀和热水表，根据通过水量分摊用热量交付热费。采用此法需规定用户不得自行加大散热器，否则将会出现用户之间室温相差悬殊而导致收费不合理。

（3）一组用户（例如一个门栋）引入口安装热量表，各散热器安装热分配表，用户根据热分配表数据按比例分摊热费。缺点是散热器上没有安装温控阀，用户无法主动调节室温。

需要说明的是，散热器入口处加装温度控制阀不仅可以做到行为节能，还能达到技术节能。所谓行为节能是指通过人为地关小温控阀以减小流经散热器的流量，限制散热器发热达到节能；技术节能是指当室温达到控制要求时，温控阀能自动的关小阀的开度以限制散热器中的水流量达到节能。推行计量供热时，室内采暖系统应优先采用双管系统，因为温控阀对双管系统散热器的流量控制更为敏感。

图5是双、单管采暖系统散热器的流量与其散热量的关系曲线。由图5（a）看出，双管系统散热器在流量调节区内它是一个斜率较大的单调增曲线，这样就提供了一个很宽的流量调节范围。这是因为双管系统每组散热器的进口温度相同，对于一定的散热器面积，当散热器水流量增加时，就会增加室内的散热量。也就是说，室内较小的热负荷会导致散热器出口水温度的较大降低，调节温控阀可以使散热器的水流量得到较快的控制，因此就更节能。而由图5（b）看出，单管系统的散热器在相对较小的流量阶段里，流量的增加会较快的增加散热器放热量，而当流量达到一定后，散热器平均温度随流量的变化很缓慢，进而导致散热量对散热器内水流量的改变不敏感。这就意味着在单管系统中散热器面积一定时，只要流量达到一定数量就会使室温保持相对稳定，水量的增加不会对室温升高起很大作用。因此在单管顺流改为带旁通管的跨越式系统，从旁通管中流失一部分流量不会对室内温度引起多

大的变化。从旁通管中必然要有一部分热量流入回水干管中，最终造成室内采暖系统热效率降低。因此实行计量供热的室内采暖系统应优先设计为双管系统。

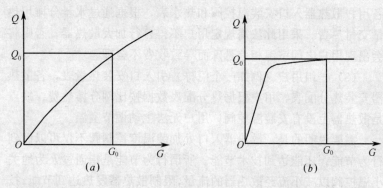

图5 室内采暖双、单管系统散热器流量与散热器的关系
（a）双管系统散热器曲线；（b）单管系统散热器曲线

（三）换热站的仪表配置

当实行计量供热后，由于室内采暖系统将是一个变流量系统，它必然要反映到热网及热源。为适应热网的变流量，换热站交换机组应安装必要的自控仪表，如图6所示。

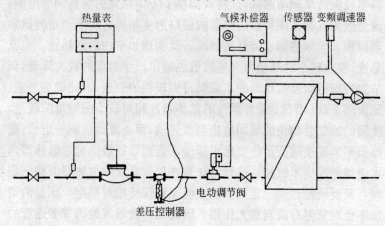

图6 变流量供热系统热交换机组自控系统示意图

1. 气候补偿控制器。气候补偿控制器可以设置不同的供热温度曲线，并根据室外温度的变化控制电动调节阀，从而间接调节二次管网的供水温度，也可以设置时钟控制，降低夜间的供水温度，从而达到节能的目的。

2. 传感器。室外温度传感器置于室外，感受室外温度，并传递信号给气候补偿器；供水温度传感器装于二次网的供水管上，感受供水温度，并传递信号给气候补偿器。

3. 压差传感器。感受系统压差，并传递信号给变频调速器。

4. 电动调节阀。安装在一次网的回水管上，由气候补偿器进行控制，当二次网的供水温度高于设置温度时，阀门关小；反之，阀门开大。

5. 差压控制器。安装在一次网的回水管上，保证经过电动阀的差压为恒定值，当系统差压变化不大时，可以不安装。

6. 热量表。在一次网的回水管上安装流量计，供回水管上装有温度传感器，它们传递信号给热积算仪，通过热积算仪显示水量、供回水温度等各种数据，并能计算和显示每个采暖季供热系统的热消耗。

7. 变频调速器。当二次网水量为变流量时，需采用变频调速器控制循环水泵。当系统水量减少压差升高时，通过变频调速器降低泵的转速，使水泵电动功率下降，减少循环水量并降低系统的压差，在保证系统正常运行的同时达到节能的目的。

(四) 室内采暖热计量系统设计中应予以规范和重视的问题

1. 必须以《建筑工程设计文件编制深度的规定》为指导，按照《实用供热空调设计手册》中的"供暖工程施工图设计说明"范例编写施工图设计说明。说明中应提供室内外设计参数、供热面积、供热负荷、建筑平面热指标、各热力入口热负荷及压力损失、热媒类别、供应方式、散热器型号、供暖方式、管材规格及材质要求，另外还应提供防腐、保温、管道连接方式、支吊架安置、管道坡度、系统冲洗、系统调试等施工要求。设备汇总表中还应列清设备主要性能参数，为工程顺利开展及工程质量的保证奠定一个良好的基础。

2. 必须提供符合《采暖通风与空气调节设计规范》规定的热力入口大样图或引用相应标准图。如引用《建筑设备施工安装通用图集》中的"热水系统入口平剖图"，也可参照同本图集中"平衡阀安装"及"调节阀性能及装置图"，以利于施工及运行管理中的调试、检修、测量、维修等工作顺利实施。

3. 应迅速熟悉和掌握计量供热中的新产品的性能、特点，并能合理借鉴和引入国外先进经验，予以消化吸收，落实到设计工作中。

4. 鉴于系统运行初期，系统中污物较多，为保护热计量仪表及保证热计量的准确性，应选用自洁式过滤器。

5. 合理布置系统，选用性能稳定可靠的排气阀，使系统排气通畅，保证室内采暖系统正常运行，避免和减少由此而导致的纠纷，降低运行管理的劳动强度和费用。

6. 推行计量供热后，用户可依需要，通过调节散热器进水管上的恒温调节阀设定室温自行控制用热，以满足用户对热舒适度的不同要求。

7. 为保证系统运行时能达到或接近设计水力工况，设计人员要重视系统的水力平衡问题。热力入口处应设调节阀或压差平衡阀，以保证管网水力工况易于调整，避免系统失衡。

8. 由于人民生活水平及消费观念的变化，家庭装饰已成新时尚，设计人员应尽量选择外观优美的散热器，使用时做到不装暖气罩。因为暖气罩不利于温控阀正常的控制室温。

9. 热量计量表的设置位置应力求不影响周围环境，且易于工作人员检查维修，为用户提供一个整洁美观的生活环境。

10. 采用分户控制采暖设计系统，由于增加了阀门、管件、管道加长等因素，系统阻力将增加，因此应适当提高采暖循环水泵扬程。

11. 采暖管道可选用镀锌钢管、铝塑复合管或聚丙烯塑料管，并严格执行其技术规定。

总之，计量收费供热系统设计方案必须根据国家和地方财力、体制改革程度、用户的承受力、改造条件、节能潜力等多种因素综合选择。有必要通过试点确定出在技术上先进，投资上合理，施工上可行，运行管理上方便的室内采暖系统。

参 考 文 献

〔1〕 哈尔滨建筑工程大学等．供热工程．北京：中国建筑工业出版社，1985年．
〔2〕 狄洪发等．按户计量收费后对供热系统特性的影响．中国城市供热工程委员会1999年会议交流论文，1999年11月．
〔3〕 丹佛斯．在单管和双管两种供热系统中辐射散热器/对流散热器安装结构的设计．

高顺庆　天津市供热办公室　高级工程师　邮编：300040

热网调节设备和热计量方式的选用

狄洪发 王智超 付林

【摘要】 本文论述了热网装配温控阀前后系统运行特性的变化以及不同室内系统配置不同的热计量方式，指出了与温控阀合理配备的控制设备，对设计和改造具有指导意义。

关键词：温控阀 自力式控制阀 热量表

为了提高热网的运行效率和保证供热质量，一般来说热网都装备不同类型的调节控制设施。国内一些大型热网上装有计算机监控系统，它可以根据实际运行状况，有效调节热网的运行参数，使热网高效可靠的运行，但其一次性投资比较高。因此，有些热网考虑到投资的因素，或者是较小的热网没有装计算机监控系统，而是在适当的位置装了平衡阀、自力式流量控制阀、或自力式压差控制阀，在系统的实际调节控制中发挥了一定的有效作用。便随着热量计量收费体制的改革，为了用户节省取暖费用，必须在每个散热器上装温控阀。在供暖运行中随着用户的温控阀不断调节，热网流量不断变化。这样热网不再是定流量而成为变流量运行。在这种装温控阀、变流量运行的情况下，上述调节装置的使用和定流量运行时有很大不同，必须正确装设才能发挥作用。否则，会使系统达不到调节要求，有时还会起负作用。

1 未装温控阀定流量运行系统的调节控制

这里所说的定流量运行是指在整个采暖季内热网的流量都保持不变。

1.1 直连网

一般来说，直连网以热力站为界为分主网和支网两部分，从热源到热力站为主网，从热力站到热用户为支网。主网应配备微机控制，这样可以保证供热质量，同时又降低运行费用。但当投资受限或热网较小、热网规模比较稳定时，也可不用微机控制，而采用比较简单的、在下面支网中所叙述的调节方法。

1.1.1 自力式流量控制阀

在各个支路上或热入口安装自力式流量控制阀，调整该控制阀的设定旋钮，使其流量指示达到设计流量的要求。这样，在运行时各支路的流量基本可以达到设计要求。

1.1.2 平衡阀

在各个支路上或热入口安装平衡阀，按照平衡阀的调节方法，根据支路的设计流量，调节平衡阀的开度使其流量达到设计要求。

1.1.3 自力式压差控制阀

在各个支路上或热入口安装自力式压差控制阀，调整该压差控制阀的设定，使其压差指示值达到设计资用压头的要求。一般来说，设计流量与实际所要求的流量比较接近，因此使用自力式流量控制阀、平衡阀比较合理；而资用压头不仅与设计流量有关，而且与管路阻力系数有关，但支路的实际阻力系数可能与设计值相差较大，这样即使把实际压差调节到了设计资用压头，有可能由于阻力系数的差异造成实际流量达不到设计流量，从而造成冷热不均匀。

1.1.4 调节方式的比较

对于全供暖季都采用一个固定流量的供热网而言，上几种调节方式均可以使用。

平衡阀调节实际上就是初调节，即在调节完成后保持各支路流量的分配比例达到要求。但当供热网增加新用户或原有用户工况发生变化后，流量分配比例发生了变化，因此又需要进行重新调整；同时在调节过程中由于各个用户之间的耦合关系，因此其比较适合于耦合关系不太严重的热网。

自力式流量控制阀和自力式压差控制阀与平衡阀的调节原理不同，它的作用不是保证流量分配比例，而是保证该阀门所负责的支路上流量（压差）保持不变。因此当供热网增加新用户后，原有支路的流量受到影响后它可以自动调节来适应这种变化，从而保持该支路的流量不变，原有支路的自力式流量（压差）控制阀不需要重新进行调整。

1.2 间连网与混连网

从控制角度看，混连网和间连网的区别在于热力站对二次网供水温度的控制方法不同。对于间连网和混连网，调节该热力站一次网的阀门来控制二次网的供水温度，但间连网是调节二次网循环水泵的流量来控制二次网的供水流量，而混连网是调节混水泵的流量来控制的。

在间连网或混连网的一次网中，每一个热力站相当于一个热用户，因此一次网相当于一个直连网，则上述直连网的调节方法也适用；对于二次网，热力站相当于热源，二次网相当于一个直连网，则上述直连网的调节方法也完全适用。因此，直连网的调节方法可以推广到间连网和混连网。

2 未装温控阀分阶段变流量运行系统的调节控制

分阶段变流量是把整个采暖季分为几个阶段，在每个阶段内流量保持不变，但从某一阶段过渡到另一阶段时，流量发生改变。从上节所述可以看出，只要对直连网的调节论述清楚，间连网、混连网的调节就可以举一反三推知。因此，这里仅以直连网为例进行分析。

2.1 自力式控制阀

在这种运行模式下，自力式流量控制阀就不再适用。因为自力式流量控制阀的设定流量一般都为系统的设计工况流量，其适用于在整个供暖季热网流量都保持不变的运行模式。当运行工况不在设计工况流量时，自力式流量控制阀的自动调节功能就会发挥作用，使该路的流量尽量接近设计工况流量。例如在供暖初期和末期小流量如为设计流量75％运行时，各个用户的流量也应变小到75%。在靠近热源的用户，其自力式流量控制阀感应到实际流量（75%）小于设定流量（100%），则自力式流量控制阀会自动开大，使流量尽量接近设定流量。因此，近端用户的实际流量大于所需而过热，远端流量必然小于所需而过冷。当然，在严寒期流量为100%时，自力式流量控制阀保证各个用户的流量达到要求，从而使所有用户供热均匀。

自力式压差控制阀的调节特性与自力式流量控制阀相同，因此在这种运行模式下会发生同样的情况。也就是说，在这种运行模式下自力式压差控制阀也不适用。

2.2 平衡阀

平衡阀非常适合这种运行模式。因为一当平衡阀调节完毕，其本身并不具有如自力式流量、压差控制阀根据工况变化进行自调节的功能。因此，当总流量发生变化时，平衡阀可以保持各个用户流量等比例的变化。例如，总流量为设计流量75%时，分配到各用户的流量也为75%。因此，在这种运行模式下平衡阀可以保证在每个阶段内流量分配都达到使用要求。

3 装温控阀后系统的调节控制

在实施按热量计量收费后，室内系统可以分为两类：一类是有共用立管且户内为双管系统，另一类是带跨越管的垂直单管系统或者是有共用立管且户内为带跨越管的水平单管系统。在温控阀调节后，这两类系统对总流量的影响是不相同的。

3.1 有共用立管且户内为双管的系统

随着室内负荷的变化，温控阀将随之而自动变化。这样通过散热器的流量也随之变化，这就意味着热网的流量随时都在变化。

3.1.1 热入口控制阀为自力式流量控制阀

自力式流量控制阀的功能是在工况发生变化时尽量保持该管路的流量不变。装温控阀后管路流量在主动不断变化，显然与自力式流量控制阀的作用相矛盾。例如，室内负荷减少时温控阀自动关小，相应管路流量应减少；但如果该管路有自力式流量控制阀，则自力式流量控制阀感知流量减少后会自动开大，从而使管路流量增加达到其保持管路流量不变的目的。这时管路流量的相对增大（实际是保持原流量不变），又导致温控阀的进一步关小，如此形成循环，最后导致温控阀关到最小，而室内温度仍可能高于要求，反之依然。因此，装温控阀的有共用立管且户内为双管的系统不能再装自力式流量控制阀。

3.1.2 热入口控制阀为平衡阀

平衡阀实际上起一种初调节的作用。当全部平衡阀初始调整完成后、且在管路阻力系数不再发生变化的情况下，各管路的流量分配比例保持不变。当但管路阻力系数变化后，则流量分配比例也随之发生变化。在温控阀动作后，本质上讲是温控阀的阻力系数发生了变化，这时相应管路流量也就发生了变化。因此，温控阀和平衡阀的作用并不发生矛盾。但装温控阀后，温控阀的实际开度随着负荷的变化而变化。由于各个支路之间的耦合作用，某一支路温控阀的调节会影响到其他支路。

因此，装平衡阀进行初调节比盲目的手动初调节能更好的保持温控阀发挥正常作用。但是平衡阀不能消除支路之间的相互耦合影响。

3.1.3 热入口控制阀为自力式压差控制阀

自力式压差控制阀和温控阀相配合能够很好的保证温控阀正常发挥作用。例如某用户负荷减少时其温控阀关小，相对应的管路流量减少，因此造成总流量减少，系统水压图发生变化，如图1中的实线表示温控阀没有调整之前的水压分布，ΔP 为用户所要

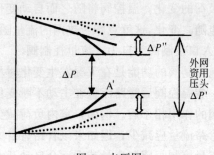

图1 水压图

求的资用压头；虚线表示温控阀调整之后的水压分布。由于总流量减少，干管上压力损失也减少，外网给该用户处所提供的资用压头提高到 $\Delta P'$。如果该用户没有装自力式压差控制阀，则由于外网提供的资用压头增大，温控阀又会进一步关小，如此反复形成正反馈，使温控阀无法正常发挥其功能。但如果装自力式压差控制阀，自力式压差控制阀可以根据压差的变化而自动调节关小，压差控制阀消耗掉 2 倍的 $\Delta P''$，使外网提供给的用户资用压头（$\Delta P' - 2 \times \Delta P''$）基本保持不变，仍等于 ΔP，这样就不会对温控阀形成正反馈的影响。

3.2 带跨越管的垂直单管系统或有共用立管且户内为带跨越管的水平单管系统

带跨越管的垂直单管系统，由于温控阀的作用，使通过散热器的流量随室内负荷变化而变化，但跨越管的分流作用使得立管的总流量却保持基本不变。因此，此时热网基本上是在定流量运行。这样，该系统对使用调节阀的要求，如同前面所述的定流量运行系统一样，使用自力式流量控制阀是最合适的。

4 热计量方式

对于不同的室内系统，可采用不同的热计量方式。

4.1 有共用立管且户内为双管的系统

目前在我国新建住宅内多推荐使用这种室内系统。在这种系统中既可使用户用热量表也可使用蒸发（电子）式热分配表。一般来说，在换热站要设热量总表作为供热方与用户的热费结算表，在结算各个用户热费时，是根据各个用热量表的读数在总表中所占份额而算得的。因此实际上户用热量表是另一种形式的热分配表。

4.2 带跨越管的单管系统

我国传统的采暖系统是单管顺流式，要想适应分户热计量和室温分室调节的要求，必须对室内系统进行改造。如果改造成共用立管且户内为双管的系统，则投资过高且对住户的正常生活影响太大，因此比较适宜的改造方案是改造成带跨越管的垂直系统。对于这种系统，只有选择热分配表的方式来计量各户的耗热量。

5 结论

5.1 散热器是否装温控阀,对热网运行模式有极大的影响和明显不同的要求

5.2 未装温控阀的定流量运行系统虽然可以使用自力式流量、压差控制阀或平衡阀,但相对而言,自力式流量控制阀更为恰当。

5.3 未装温控阀分阶段变流量运行系统只能使用平衡阀,如果使用自力式流量或压差控制阀,则当系统进行变流量后就会出现接近端用户过热、远端用户过冷的现象。

5.4 装温控阀的双管系统应装自力式压差控制阀,而不能装自力式流量控制阀或平衡阀。但装温控阀的带跨越管的单管系统使用自力式流量控制阀更为恰当。

5.5 热分配表既可以用在带跨越管的单管系统,也可以用在双管系统。

参 考 文 献

〔1〕 邹瑜、徐伟等. 适合热计量的室外供热系统控制方式与分析. 暖通空调, 2000, 30 (1)
〔2〕 张锡虎、黄涛. 住宅集中供暖系统分户热计量和收费的若干问题. 暖通空调, 2000, 30 (1)
〔3〕 狄洪发、江亿等. 热量计量收费后供热网的运行管路. 暖通空调, 2000, 30 (5)
〔4〕 徐伟、邹瑜等. 适合热计量的住宅供热采暖系统方案的分析比较. 中国采暖地区住宅供热系统计算与节能国际研讨会论文集, 1999

狄洪发 清华大学建筑技术科学系 教授 邮编:100084

从生理卫生和舒适的角度论述
地板辐射供暖的特点

杨文帅　王荣光　凌继红　张于峰

【摘要】　本文根据日本的测试资料,分析了采用地板辐射供暖的条件下室内的温度分布,进而从对人体健康与舒适的角度论述其优越性。

关键词:地板辐射供暖　健康　舒适

地板辐射供暖是指通过被埋设在地板内的加热管加热的地表面放射出 8~13μm 的远红外线,它对人体皮肤 2mm 深处的"热点"传感器产生刺激,而使人感觉到温暖的一种供暖方式。这种供暖的加热构件和建筑构造相结合、不占用室内和地面有效空间,可利用地热、太阳能或其他各种低温余热作为热源。和常规的以对流散热为主的散热器采暖相比,具有室内温度分布均匀、舒适性好、节约能源、易实现单户热计量维护管理方便等独特优点:特别是近两年来"以塑代钢"的推广,以及各种新型非金属加热管材的开发与引进,为实现低温地板辐射供暖创造了条件,同时也促进此项技术的日益完善和迅速发展。辐射供暖用于节能建筑的供暖,更显示出其独特的优越性,是一种具有发展前途和推广价值的供暖方式。

本文根据日本《多湖辉研究所　东京ガス基础技术研究所》经过各种试验、测试、调查统计的基础上提供的资料,着重从生理卫生和舒适角度出发论述地板辐射供暖的特点,文中提出一些测试数据和新的观点,供参考。

1 室内温度工况

1.1 室内垂直面的温度分布

采用地板辐射供暖时,其室内垂直面的温度分布如图1所示,根据卫生要求,人长期停留的房间,地板表面温度不高于30℃,地面上空气温度迅速降低达到设计温度(一般为18~20℃),地面50cm以上垂直方向的温度基本不变。从图3的室内水平面的温度分布可以看出,采用地板辐射供暖时,其室内水平面的温度基本相同。因此,采用地板辐射供暖时,使人们有"足热头寒"的舒适感。

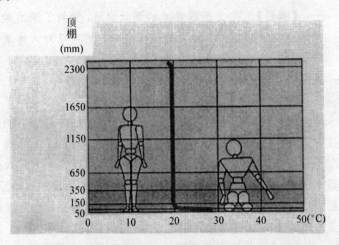

图1 地板辐射供暖

采用以对流为主的散热器供暖时,其室内垂直面的温度分布如图2所示,由于这种供暖是以对流散热主为,靠近散热器的空气被加热后密度变小,热空气上升,形成空气对流,因此室内垂直面的温度变化很大。从图4的室内水平面的温度分布来看,温度分布也十分不均,散热器附近的空气温度较高。

1.2 室内水平面(地面上350mm)的温度分布

2 从生理卫生和舒适角度出发进行论述

2.1 避免或减少由于寒冷而产生的各种疾病

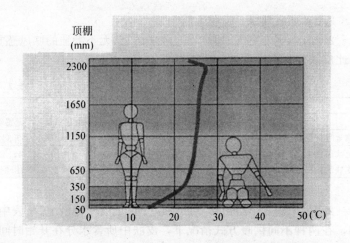

图2 以对流为主的散热器供暖

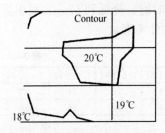

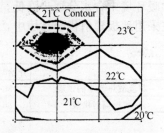

图3 地板辐射供暖　　　图4 以对流为主的散热器供暖

由于地板辐射供暖是由被加热的地表面进行辐射放热,所以人们的脚底可以长时间的受到远红外线的加热。大量调查的结果表明,"寒不袭足、百病不侵"是有道理的,采用地板辐射供暖后,由于寒冷而产生的各种疾病大大减轻,如表1所示。

表1

调查的内容	综合调查结果			
	感觉明显	有感觉	稍有感觉	无感觉
由寒冷而产生的疾病症状减轻情况	50.5%	30.7%	17.3%	1.5%
脚底下无寒冷的感觉	75.7%	20.2%	3.7%	0.4%
风湿痛症状的减轻	22.2%	51.9%	14.8%	11.1%
腰痛症状的减轻	10.2%	39.5%	39.5%	10.8%

2.2 室温潮湿、皮肤柔软

2.2.1 室内空气温暖柔和、湿度适宜、无不舒适的吹风感觉,因此皮肤变得细嫩柔软。调查结果如表2所示。

表2

状 态	综合调查结果			
	感觉明显	有感觉	稍有感觉	无感觉
感觉空气温暖柔和	73.4%	23.8%	2.5%	0.3%
无吹风感觉	68.4%	22.8%	9.2%	1.5%
皮肤的粗糙度变柔软	14.9%	32.2%	34.7%	18.2%

2.2.2 表3中给出对皮肤中水分含量的变化情况,从表中可知,在两种不同供暖方式情况下,皮肤中所含水分在开始时间均相同,同为86μg。随着时间的增加、生活在采用对流散热为主的供暖环境中含水分逐步降低,2.0小时时、降低到53μg;而生活在采用地板辐射供暖环境中,其含水分不变。

表3

	开始时间	0.5小时	1.0小时	1.5小时	2.0小时
对流散热为主的供暖	86	78	58	54	53
地板辐射供暖	86	86	86	86	86

单位 μg

2.3 室内无空气对流、因而减少灰尘的飞扬、使室内空气保持清洁

2.3.1 根据日本的调查资料表明,近年来由于环境污染和室内空气质量的低下,哮喘病患者显著增加,如图5所示。

2.3.2 调查认为诱发哮喘病的原因主要是室内灰尘,大约占50%,其次是各种花粉、羊毛、小猫的毛等。同时对三种不同的供暖方式进行比较,其结果如表4所示。

表4

	清洁卫生	产生灰尘难	对妇女儿童有益	有益健康
地板辐射供暖	68.9%	66.7%	63.1%	62.2%
空调	21.2%	7.3%	9.8%	6.7%
电热毯	38.5%	36.6%	33.5%	16.6%

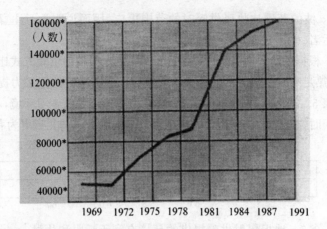

图 5　哮喘病患者增加

由表 4 可见 60% 的人认为：采用地板辐射供暖不容易产生灰尘，清洁卫生，有益于健康，特别是对妇女儿童更为有益。

2.4　提高学习的集中力、增强记忆力，是儿童和青年居住的理想环境

采用以对流散热为主的散热器供暖时，地面附近的温度低，而正处于学习状态时的头部温度却很高。头部温度高时不仅会导致困倦感，同时降低思维能力，而且脚部温度低也不利于集中精力思考问题。地板辐射供暖从地板到屋顶温度基本不变，脚底下十分暖和，因此，它为人们创造一个"足热头寒"的、适合学习的舒适环境。

根据日本对儿童居室中地板辐射供暖和对流散热为主的供暖的两种环境，分别测定垂直面温度的分布，及其在不同环境下，他们学习注意力的情况，以脑波 α 的形式表示出来。其实测资料表明：在采用以对流散热为主的供暖时，地面附近的温度为 10℃，而正处于学习状态时的头部温度却达到 25℃。地板辐射供暖从地板到屋顶温度基本在 20℃ 左右，而且脚底温度为 21℃。

从头部按水平面做脑波 α 发生情况的分析：在安静考虑事物状态时，从后脑部分产生大量的脑波 α 扩大到前脑，地板辐射供暖

时，α波的范围比热风供暖时的范围更广，因而说明学习注意力强于后者。

根据试验表明：采用"足热头寒"的地板辐射供暖方式比采用"头热足寒"的对流散热为主的散热器供暖方式时的记忆力提高了见表5。采用地板辐射供暖时，能创造一个理想的学习环境，而且任何时候耳边无设备运转的嘈杂声，对面临考试的儿童更为有利。

记忆力的再认识度　　　　　表5

2.5　地板辐射供暖提供的环境有利于睡眠和休息

通过电脑分析表明，室温稳定的地板辐射供暖给出"青色"的熟睡的信号（图像的圆形部分）；对流散热为主的散热器供暖方式时室温激烈的变化，给出睡眠浅的"红色"信号，如图6所示。

图6　以对流为主的散热器供暖　地板辐射供暖

2.6　地板辐射供暖提供一个柔和的温暖环境、适合老年人居住

老年人受腰疼、风湿疼困扰的人日益增多，因家庭内部事故死亡人数也不断增加。一方面是老年人体内发热量减少、皮下脂肪降低，因而抵抗寒冷的能力减弱了，所以容易感觉冷。另外，老年人的体温调节能力下降，所以体温容易变化（下降或升高）。因此，设计老年人居室时，应特殊考虑所需要的温湿环境：

1. 室温比一般的设计温度高2～3℃；

2. 脚底下要温暖，因为老年人手指和足尖对温度的识别能力降低，所以这些部位特别容易冷；

3. 建筑物内部（居室、更衣室、卫生间等）均应保持一致的温度；

4. 避免空气流动，也就是创造一个无风的环境，对老年人来说，风吹到身上就会使体温降低，使人感到寒冷；

5. 室温变动小，室内要有一个稳定的温度环境，温度不要有大的变动；

6. 供暖设备表面的温度要低，因为老年人对温度的识别能力降低及反应速度均差，所以容易和身体接触的地方，温度不宜过高。

由上述条件可知，具有地板辐射供暖的居室，它不仅能创造一个符合上述各项要求的环境、使老年人生活上会感到方便、安全和温暖，同时还可以减少由于寒冷而导致的腰疼、风湿疼等疾病的困扰，因此地板辐射供暖是老年人居住环境中供暖方式的一种最佳的选择。

综上所述，地板辐射供暖不仅节约能源，易实现单户热计量，维护管理方便等独特优点，同时它更为人们、特别是对老年人、妇女和儿童创造一个有利于健康、工作和学习的舒适性好的生活环境。

参 考 文 献

TOKYO GAS《ガス温水　床暖房8つの効能［心地よさのデータブック］》

杨文帅　天津大学　建筑工程学院　硕士研究生　邮编：300072

太阳能、地热利用与地板辐射供暖

王荣光　沈天行　郑维民

【摘要】 本文分析了利用太阳能和地下热水供暖的特点与方式，介绍了利用地下热水作为地板辐射采暖的做法。

关键词： 太阳能　地热　地板辐射采暖

1 利用太阳能

利用太阳能供暖的技术在国内外已经十分成熟。通过建筑的朝向和周围环境的合理布置、内部空间和外部形体的巧妙处理以及建筑材料和结构构造的恰当选择，使建筑物在冬季能充分地收集、存储和分配太阳辐射热，因而建筑物室内可以维持一定温度，达到取暖的效果。将这种与建筑物相结合、利用太阳辐射能供暖的建筑称为被动式太阳能供暖房（简称太阳房）。由于它可以较一般节能建筑获得更多的太阳辐射热，所以它能够进一步节约建筑对常规能源的消耗。这种太阳房在我国的东北、华北及西北等地区发展很快，在辽宁乡镇的中小学中应用后，取得良好的供暖和节能效果。

经过近两年来对节能建筑热工性能实测中发现住宅的南居室普遍过热。根据实测结果和分析认为，其关键原因是设计者仍按着常规的设计方法来进行节能建筑的供暖系统设计，却忽略了由于节能建筑（围护结构传热系数的降低和密闭性的增加）的特点而带来的供暖系统设计中应该注意的新问题。表1中给出不同建筑节能标准情况下太阳有效得热率（太阳有效得热量 G_s/耗煤量

G)的计算资料。其中太阳有效得热量的意义是指:在具体建筑构造和气象条件下,有封闭阳台的节能建筑如能有效的利用太阳辐射能,则在一个供暖期内每平方米建筑面积的太阳有效得热量;按天津气象资料将其折合成标准煤则为 $6.88(kg/m^2a)$。如果建筑的窗墙比基本不变,则太阳有效得热率 G_s/G 将随节能标准的提高而增大,如表1所示,在1980~1981年的建筑节能太阳有效得热率 $G_s/G=29\%$,而第二期节能标准时 G_s/G 值达到58%。这是因为太阳辐射能基本是恒定的,而节能建筑的耗热量由于围护结构传热系数的降低和密闭性的增加却大大降低。因此,如能很好地利用南居室和封闭阳台的温室效应,由此获得的太阳辐射热量是相当可观的。节能建筑的供暖系统设计中应该充分地注意这一新问题,以便取得更大的节能效果。

表1

项　目	1980~1981	1991~1997(1)	1997~(2)
天津建筑耗热量指标（W/m²）	31.7	25.3	20.5
天津耗煤量指标 G (kg/m²a)	23.7	16.6	11.8
热网效率（%）	85	90	90
锅炉效率（%）	55	60	68
太阳有效得热量折成标煤 G_s (kg/m²a)	6.88	6.88	6.88
太阳有效得热率 G_s/G （%）	29	41	58

2 低温地板辐射供暖

低温地板辐射供暖是将加热管埋置于地面下,以被加热的地面作为散热面的一种辐射供暖方式。它和建筑物构造相结合,不占用室内和地面有效空间,可利用地热、太阳能或各种低温余热作为热源。和常规的以对流散热为主的散热器供暖相比,具有室内温度分布均匀、舒适性好、节约能源、易实现单户热计量、维护管理方便等独特优点。特别是近两年来"以塑代钢"的推广,各种新型非金属加热管材的开发与引进,为实现低温地板辐射供暖创造了条件,同时也促进了此项技术日益完善和迅速发展。辐射供暖用于"节能建筑"的供暖,更显示出其独特的优越性,是一种具有发展前途和推广价值的供暖方式。

地板辐射供暖的加热管埋置于地面下，根据房间大小可以在一个房间设置一个或几个环路，小的房间也可以几个房间设置一个环路，图1为地板辐射供暖地面下加热管布置示意图。图中的1，2为加热管在不同布置方式，各环路的供、回水管连接到分配器3上（一般一个用户设置一个分配器、放置在卫生间或偏僻的角落里），每个用户的分配器通过楼内供、回水干管与室外管网连接。

图1 地板辐射供暖地面下加热管布置示意图
1—回字形布置；2—S形布置；3—分配器

2.1 低温地板辐射供暖的特点

2.1.1 低温地板辐射供暖的舒适性高，节能效果显著

（1）由辐射供暖的机理可知，低温地板辐射供暖较常规的以对流为主的散热器供暖的室内设计温度降低1～3℃时，仍然可以得到同样的舒适效果。有关资料提出，室内设计温度每降低1℃可

节约燃料10%左右,按天津市的第二期建筑节能目标,每年供暖煤耗为 11.8kg/m² (按冬季供暖期室外平均气温为-1.2℃、室内平均温度为16℃计算),当室温降低1~3℃时,节约的燃料可达7%~17%。由此可知,地板辐射供暖不仅给人们以舒适的环境,同时其节能效果也十分可观。

(2) 辐射供暖室内温度分布均匀

根据卫生要求,人长期停留的房间地板表面温度不应高于30℃,然后温度沿垂直方向迅速降低,在距地面30cm左右达到室内设计温度(16~18℃),距地面30cm以上的垂直方向温度基本不变化。因此使人们有"足热头寒"的舒适感。同时,由于上部空间温度的降低,大大地减少了上部空间向外的无益热损失。

2.1.2 地板辐射供暖的加热管理置于地面下,因而它具有其他供暖方式所没有的特点:

(1) 地板辐射供暖的散热面是被埋置于构造层中的加热管加热的表面,它和建筑构造相结合,主要房间的地面上无任何管道设备,不占用房间和地面的有效面积(按统计一般的散热器约占1%~3%供暖建筑面积)。因此,采用这种供暖方式,不仅相对的增加了建筑面积,而且不破坏室内环境,同时也避免了因包装暖气设备所带来的能源和资金的浪费。

(2) 便于进行调节和控制

只要在分配器处分别为各环路设置调节或控制装置,就可以方便地分别对不同朝向房间的供热量进行调节和控制,满足各房间所要求的不同工况。

(3) 便于进行单户的热计量

目前我国供暖收费基本上是采用按面积计费的方法。这种计费方法存在很多弊病,不论室内温度状况如何一律平等收费,因此不利于人们自觉地节能。最合理的计费方法应该是按照各用户实际用热量来核算。要达到此目的的前提就必须使用户能够对供暖系统进行调节、控制和热计量。对这一点,采用散热器供暖时,必须改变常规的供暖系统形式;而采用辐射供暖时只要在用户分配器前加一个热计量装置即可实现。

(4) 便于更换热源

近年来，由于天然气的开采和远距离输送，使利用燃气作为供暖热源成为可能。只要有一个热负荷足够的燃气热水器，再增加一个小的循环泵，连接到辐射供暖的热分配器上，就可以满足用户供暖的要求。这种用燃气作为热源的供暖方式，不仅使难解决的热计量问题转变为简单的燃气计量（炊事、生活热水和供暖共有一个燃气表），而且还可以节约大量室内外供热管道和设备的投资，对分散的、远离集中供热管网的用户来说，其经济效果及节能效果尤为显著。值得注意的是，进一步应该研究非供暖期燃气如何利用的问题。

2.2 节能建筑为利用地板辐射供暖创造了有利条件

根据卫生要求，人们长期停留在房间地板表面温度不宜高于30℃，同时一个房间可供利用的地板面积有限，因此地板辐射供暖向房间提供的热量是一定的。如果房间的热损失比较大，只靠辐射供暖提供的有限热量，则可能造成"供不应求"现象，因而导致室温达不到设计要求。而节能建筑中，对其各部分围护结构的传热系数都有限值，所以建筑热损失很小，因此地板辐射供暖很容易达到所要求的设计工况。

3 利用地热回水的余热进行地板辐射供暖

我国地热资源十分丰富。近年来，随着地热资源的开发，在生活用热水及供暖方面得到广泛的应用。但是，由于地热水含有对金属管材、设备具有较大腐蚀性的氯、溶解氧等化学物质，因此，使其应用受到了很大的限制。近两年来"以塑代钢"的推广，以及各种新型耐腐蚀的非金属加热管材的开发与引进，为实现直接利用地热水作为供暖的热源创造了条件。另外，利用地热回水的余热进行地板辐射供暖的方案，更显示出其独特的优越性。这种供暖方式，不仅仅具有室内温度分布均匀、舒适性好、节约能源、易实现单户热计量、维护管理方便等地板辐射供暖的一切优点，更主要的是因为它能进一步降低地热回灌水的温度，因而可以提高地热能的利用率，节约常规能源的消耗量，减少对环境的污染，同时可以大大缩减热源设备的初投资。

3.1 地热供暖的方式

3.1.1 地热直接供暖系统

地热水不经过换热器、直接供给用户的方式称为地热直接供暖。这种供暖系统简单、初投资少、地热水利用率高。但是，只有两种情况可以采用这种供暖系统，一种是地热水质好，另一种是采取加药的方法。一般加入亚硫酸钠（Na_2SO_3）或磷酸盐类除氧药物。但采用这种方案会对环境产生污染，同时又增加加药费用的开支。由于地热直接供暖系统是非闭合系统，它不断地向外排水，因此还要注意考虑系统水力稳定性问题。

3.1.2 地热间接供暖系统

由于地热水一般均存在腐蚀和结垢问题，因此地热供暖多采用间接供暖系统，这种供暖系统包括井口设备、调峰装置、换热设备、供热管网以及用户等五个部分。由于地热水的出水温度一般较低，为保证地热水井的利用效率、换热设备一次水供水温度t_1与供暖系统循环供水温度（二次水）t_3的温差很小（比常规系统的温差小的多），所以一般多采用传热系数大的板式换热器。一般地热水氯离子含量超过300mg/L，而且温度均超过60℃，所以一般多采用耐腐蚀的钛板板式换热器。

3.2 利用地热一次水的回水作为热源进行地板辐射采暖,提高地热水的热利用率，使节能效果更加显著。

利用地热一次水的回水作为热源进行地板辐射供暖示意图如图2所示，图中的1为室内地下埋管系统图、采用回字形布置。一次环路回水，通过阀门3，进入室内地下埋管系统加热地面（靠水泵2提供能量），使水温由t_2降低到t_2'（一般降低10℃），然后通过阀门3，将其回灌于地下。

当供暖系统停止运转时，为防止系统倒空，设置水泵与阀门3、4、5的联锁系统，当停止运转时，阀门3、5立即关闭，阀门4开启，回水直接回灌于地下。

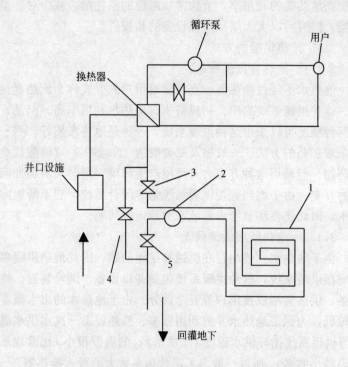

图 2 利用地热一次水进行地板辐射供暖的示意图
1—室内地下埋管图；2—水泵；3、4、5—阀门

【例】 当地热井的出水量 $G_D=100t/h$，供暖期为 120 天，通过地板辐射供暖系统的温降为 10℃，计算地板辐射供暖系统的得热量。

【解】 全供暖期的得热量为：$Q_D = C\,G_D N(t_2 - t_2')$

$$t_2 - t_2' = 10\,℃$$
$$N = 120 \times 24 = 2880\ h$$
$$G_D = 100 \times 10^3 = 10^5\ kg/h$$
$$C = 4.178\ kJ/(kg \cdot ℃)$$

$$Q_D = 4.178 \times 10^5 \times 2880 \times 10 = 1.2 \times 10^{10}\ kJ$$

折合成标准煤 $G = 1.2 \times 10^{10}/4.178 \times 7000 = 411.4 \times 10^3\ kg$

(411t)。也就是说，在天津地区（供暖期为 120 天）采用此种措施后，出水量为 100t/h 的地热井，仅一个供暖期就可以节约标准煤 411 吨左右。如果用这部分热量供暖，供暖面积可达 $3\times10^4 m^2$。

由上述实例不难看出，利用地热一次水的回水作为热源进行地板辐射采暖，不仅可以满足室内采暖和热舒适度的要求，还可以大大地提高地热水的热利用率，使节能效果更加显著。

由于经济快速增长，城镇地区对集中供热发展的迫切需求和燃料价格的市场化，促使地热工程的发展十分迅速。截至 1997 年 4 月的不完全统计，天津地区已开采地热井 127 口，供热面积达 300 万 m^2。北京、福建、漳州等地区开采地热井亦达数百口，供热面积不断地扩大。如果这些地热井均能采用此种措施，使水温由 t_2 进一步降低 10～15℃左右，然后再将其回灌于地下，则可利用的热量将非常可观。其社会效益和经济效益将十分巨大。这种热利用方案不仅更充分地利用地热资源，减少环境污染，而且大大降低热源设备的初投资。

王荣光　天津大学　教授　邮编：300072

节能建筑与室内环境

人和名苑建筑节能综合措施分析

赵立华　董重成　张斌

【摘要】 人和名苑节能小区从规划、单体设计节能，围护结构保温、供热系统可调节、可计量等几个方面实现建筑节能50%的目标。本文从计算分析和实测两个方面评价人和名苑建筑节能综合措施，并对该小区的社会效益和经济效益进行初步分析。

关键词： 建筑节能　围护结构　测试分析

一、人和名苑概况

哈尔滨市人和名苑节能住宅小区由哈尔滨三星房地产开发有限责任公司投资兴建，总用地面积近3.40公顷，总建筑面积186118.00m²，其中住宅部分建筑面积为146891.92m²，容积率4.85。该小区1999年开工，预计于2002年竣工。小区由五栋住宅组成，共889户。二栋高层住宅（A栋、B栋）为混凝土框架结构，三栋多层住宅（C栋、D栋、E栋）为底框架砖混结构，横墙承重，承重墙为实心砖墙。

为贯彻《民用建筑节能设计标准（采暖居住建筑部分）》(JGJ 26—95)，人和名苑节能住宅小区采取了一系列节能措施，并由哈尔滨工业大学进行了两个采暖季的测试工作。

二、建筑节能综合措施分析

1. 规划与单体设计

在人和名苑的规划设计中考虑到建筑节能的要求，建筑朝向基本为南北朝向或接近南北朝向,建筑物的体型系数控制在0.30以下,在满足采光要求的前提下,尽量降低窗墙面积比。各栋建筑几何参数见表1。

表1

序号	建筑	住宅面积 (m^2)	体形系数	窗墙面积比 南	窗墙面积比 东、西	窗墙面积比 北	耗热量指标 (W/m^2)
1	A栋	23985.6	0.16	0.26	0.27	0.24	14.17
2	B栋	71956.8	0.16	0.26	0.27	0.24	14.17
3	C栋	27291.5	0.21	0.41	0.37	0.18	18.89
4	D栋	20562.9	0.20	0.48	0.42	0.19	19.70
5	E栋	4753.72	0.24	0.46	0	0.25	17.42

除多层建筑的窗墙比略大于标准要求外,其余各项指标均符合设计标准要求。多层建筑的阳台窗全部为落地窗,造成其窗墙比较大。但由于阳台封闭、阳台栏板保温、阳台窗使用单框双玻塑钢窗等措施,封闭阳台能使阳台窗的热损失有一定程度的降低。

2. 围护结构

人和名苑节能住宅小区的围护结构采取一系列节能措施,墙体、屋面、地面及阳台门等其他围护结构均作保温处理。窗采用单框双玻或单框三玻木窗。

屋面由下至上的构造层次为16mm厚混合砂浆面层刷白,现浇混凝土屋面板,20mm厚1:3水泥砂浆基层,隔汽层(涂配套防水涂料2mm厚),100mm厚密度>20kg/m^3的聚苯板保温层,炉渣找波层,20mm厚1:3水泥砂浆基层,结合层(均匀涂刷配套胶粘剂),三元乙丙共混防水卷材一道。屋面传热系数计算结果为0.39W/(m^2·K)。

墙体采用外贴聚苯板保温复合墙体的做法。

多层住宅墙体由内至外构造层次为20mm厚混合砂浆,240mm厚废渣砖,掺渣量>30%,80mm厚聚苯板,8mm厚1:3水泥砂浆打底(含玻璃纤维网格布),刷素水泥砂浆一道,1:0.2:2水泥砂浆贴面砖。墙体主断面传热系数计算结果为

$0.41W/(m^2·K)$,平均传热系数计算结果为$0.42W/(m^2·K)$。

高层住宅墙体由内至外构造层次为20mm厚混合砂浆，200mm厚页岩陶粒混凝土，80mm厚聚苯板，8mm厚1：3水泥砂浆打底（含玻璃纤维网格布），刷素水泥砂浆一道，1：0.2：2水泥砂浆贴面砖。墙体主断面传热系数计算结果为$0.40W/(m^2·K)$，平均传热系数计算结果为$0.42W/(m^2·K)$。

外保温墙体在丁字墙及楼板等部位保温材料连续，无热桥产生，但在门窗洞口部位由于门框、窗框的宽度小于墙体厚度，会出现热桥，该小区采用了相应的处理方式，有效的减少了门窗洞口热桥的传热。因此外墙采用外贴苯板保温体系，减少了通过墙体的传热损失，同传统490mm实心黏土砖墙相比，墙体节能率为66%。

人和名苑单体住宅的楼梯间进户门采用保温电子门，内设门斗。单体建筑外窗全部采用高档新型木窗。除多层建筑D栋采用单框双玻木窗，其余建筑均采用单框三玻木窗。

各单体建筑耗热量指标分别为：$14.17W/m^2 \sim 19.70W/m^2$，热工计算汇总于表1，满足现行节能设计标准（JGJ 26—95）对哈尔滨地区住宅建筑耗热量指标不超过$21.9W/m^2$的规定。对D栋建筑物耗热量分解，结果见表2。

人和名苑D栋建筑物耗热量指标的分解　　　　表2

	建筑物耗热量	屋面	外墙	外窗	地面	地板	渗风	生活得热
能耗（W/m^2）	17.02	1.56	1.87	6.67	0.31	1.53	8.88	−3.80
百分比（100%）	100	9.16	10.98	39.19	1.82	8.97	52.17	22.33

根据D栋耗热量分解结果可见，冷风渗透耗热量占建筑总耗热量的比例最大，这个值是按照换气次数0.5次/时计算得到的，在实际的建筑中会由于居住及使用状况的不同而不同。值得指出的是，如果将建筑中目前的无组织换气改为有组织换气，将大大减少此部分损失，通过外窗及阳台门窗的传热损失是建筑总耗热

量的第二大部分。而墙体、屋面采取保温措施以后，其传热损失得以大幅度降低，墙体传热损失仅占总耗热量的10.98%，屋面传热损失占总耗热量的9.16%，但是在建筑中，屋面的传热损失仅发生在顶层房间，对顶层房间来说，屋面传热损失的比例要大得多，能达到50%左右。二层地板传热损失占总耗热量的比例为8.97%，与层面传热一样，这部分传热也是仅发生在车库上的二层房间，当车库内温度较高时，这部分传热减少。地面传热占建筑总耗热量的比例较小，是因为所测试的建筑一层大部分是车库，仅有两个单元的一层是住宅。

3. 供热系统

在建筑围护结构采取保温措施之后，供暖系统的节能是确保最终节能效果的重要手段，即对节能建筑必须合理供热，否则会出现室温过高，节能建筑不节能的现象。这就要求合理设计供热系统，并使供热系统具有一定的调节、控制能力。

人和名苑节能住宅小区采用低温辐射电热膜供暖，按连续供暖设计，采暖设计热负荷指标为$45W/m^2$，住宅内电热膜安装在天棚内，设自动温控器。照明和采暖电源分别进户，照明电源为二单元一进户，采暖电源为一单元一进户，各户均采用一户二表计量方式，每户照明、采暖用耗电量分别计量。该系统可根据用户设定的室内温度，控制系统的开启与关闭，有效利用太阳辐射得热、生活得热等免费能源，系统具有可分室控温、分户计量的功能。

三、节能措施测试分析

1999年到2000年冬季，对D栋建筑围护结构传热系数和建筑耗热量进行了测试。2000年至2001年采暖季，对D栋建筑建筑耗热量进行了测试。

1. 屋面传热系数测试分析

选择未安装电热膜的卫生间的屋面测试屋面传热系数，屋面材料层热阻测试结果为2.48 $(m^2 \cdot ℃)/W$，屋面传热系数测试结果为$0.379W/(m^2 \cdot ℃)$，屋面传热系数计算结果为$0.39W/(m^2 \cdot ℃)$，测试结果与计算结果相差2.82%。

2. 墙体传热系数测试分析

墙体传热系数的测试在西北向山墙选择3点（分别位于东北向卧室、卫生间、西南向卧室），东北向带外窗外墙上选1点（位于东北向卧室），西南向带外窗外墙上选1点（位于西南向卧室）测试墙体传热系数，根据测试结果，西北向山墙上3个测点的测试结果很相近，将其平均得到，外墙主断面材料层热阻测试结果为 2.703（$m^2 \cdot ℃$）/W，外墙主断面传热系数测试结果为 0.33W/（$m^2 \cdot ℃$）。

3. 楼板传热系数测试分析

测试建筑局部一层为车库，住宅室内设计温度为18℃，而车库内设计温度为10℃，二者温差超过5℃，设计中应考虑此部分负荷，从对建筑耗热量指标的计算结果可以看出，在室内设计温度条件下，全采暖季由二层地板传到车库内的热量使建筑物耗热量指标增加2.34W/m^2建筑面积。

二层地板传热系数的测试初期发现热量不是通过二层地板从二层室内传到车库内的，而是反向传递，由车库传到二层室内的，后将车库内的供暖设施关掉，车库内的温度逐渐降低，地板材料层热阻测试结果为 0.426（$m^2 \cdot ℃$）/W，二层地板传热系数测试结果为 1.85W/（$m^2 \cdot ℃$）。

4. 建筑物耗热量计算

1999年到2000年采暖季测试期间基本上没有进户，建筑未处于正常使用状况。根据对测试期间整栋楼各户的供暖耗电量统计分析，并考虑测试期间的室内外温度因素，折算到标准年的气象条件后，D栋采暖耗电量为 1,152,863kWh/年，单位使用面积采暖耗电量为 75.09kWh/（$m^2 \cdot$ 年），折算建筑物耗热量指标为 14.37W/m^2。

2000年至2001年采暖季，康和居围护结构已较第一年刚刚竣工时干燥，而且康和居基本上已经进户，建筑处于正常使用状况。康和居单位使用面积平均采暖耗电量 56.50kWh/m^2。测试期间同时记录整栋建筑用于照明的耗电量，单位使用面积照明、家电耗电量平均值为 20.56kWh/m²。生活得热由三部分组成：包括炊事散热、人体散热、照明及家电散热，而其中主要的部分为照明及家电散热。通常认为照明及室电用电量全部转化为建筑内部得热。

2000年至2001年采暖季同1999年至2000年采暖期相比，单位建筑面积平均采暖耗能量降低24.76%。但从建筑能耗的角度，也就是从通过围护结构的热损失的角度，1999年至2000年采暖季同2000年至2001年采暖季相差很小。而且测试结果小于计算结果。正常居住的建筑内，由于居民的生活活动产生的内部得热能弥补部分通过围护结构的传热损失，尤其是采用电热膜采暖的供热系统配有温控装置，会更有效的利用生活得热和太阳热，在计算中考虑的生活得热偏小。同时，正常居住的情况下，满足室内卫生条件要求室内具有一定的换气次数，渗风热损失会比无人居住的情况下大，此部分换气又会相应的增加建筑能耗，但换气次数究竟是多少，无法测试。

四、经济效益和社会效益分析

人和名苑节能住宅小区由于在建筑围护结构等方面采取了一系列节能措施，建筑的初投资增加。增加的投资的效益主要体现在节地、节能，减少小区环境污染。

使用外保温墙体之后，砖砌体减薄，由原来的490mm砖墙变为240mm砖墙，这部分减薄的砌体节省的费用弥补了一部分外保温墙体所花费的费用，以多层建筑D栋为例，按建筑面积计算，节能墙体比普通墙体造价增加7.28%。对于高层建筑来说，由于土建造价增加，用于节能的投资增加在总费用中占的比例一般小于多层建筑。

经初步预算，该小区由于采用低温辐射电热膜供暖，小区用于变电、配电的投资与锅炉房及管网投资大体相当。但小区内没有了锅炉房，不仅减轻了小区环境污染，而且锅炉房省下的占地面积可用于开发住宅，具有一定的经济效益。

电的价格同常规的集中热水采暖系统的热价相比仍然较高，

因此供暖运行费用减少的程度不可能像节能效果那样显著。从能源结构和能源利用的角度来说，用火电采暖是不合理的。

低温辐射电热膜供暖提高了供热品质，提高室内舒适程度，做到分户计量、分室调节。解决了困扰政府和物业部门对居民的住宅供热管理（如分户计量、采暖费收缴等）、维护、维修等问题。而且利用电计量较方便的特点，利用电热膜供暖的建筑进行有关分户计量的有关研究。

五、结论

1. 人和名苑节能小区从规划、单体设计节能，围护结构保温，供热系统可调节、可计量等几个方面实现建筑节能50%的目标。该小区为严寒地区实现建筑节能第二阶段目标提供了一个成功的范例。

2. 计算分析结果大于实测结果，在冷风渗透热损失和内部得热两个方面，计算和实测方法有待改进。

3. 对低温辐射电热膜供暖系统，采用节能建筑围护结构与合理的供热量，是降低运行费用的最直接有效的措施。

4. 生活得热有效的弥补了一部分建筑热损失，建筑围护结构保温越好，耗热量越小，生活得热所占的比例就越大。同时随着居民生活的改善，生活得热自身也在发生着变化。对于带有温控装置的供暖系统来说，有效的利用生活得热这一免费能源是其显著的优点之一。

赵立华　哈尔滨工业大学　副教授　邮编：150090

锦绣大地公寓——高舒适度低能耗健康住宅的实践

陈亚君

锦绣大地公寓地处北京中关村地区，属于北京市政府批准的绿化隔离带试点工程万柳小区的一部分。

锦绣大地公寓所倡导的高舒适度低能耗住宅，参照欧洲发达国家住宅设计规范，住宅设计首先是利用当今的建筑技术充分运用各种自然条件达到居住的高舒适度。这样既可以最大限度地利用自然条件降低建筑造价，又可以节约能耗不破坏生态平衡。锦绣大地公寓在新加坡、瑞士、德国、瑞典等国专家的指导帮助下，从建筑规划、居住环境、户型平面、垃圾处理、外围护结构的保温隔热及新风系统等各个环节对如何建设高舒适度低能耗绿色环保住宅进行了有益的尝试，荣获2000年第七届首都建筑设计汇报展住宅公寓类第一名。

锦绣大地公寓属纯住宅小区，占地面积2.6公顷，总建筑面积10万平方米。

锦绣大地公寓聘请瑞士苏黎世联邦高等工科大学的建筑物理学专家布鲁诺·凯乐教授和田原博士，按照欧洲节能设计标准对其屋面、外墙、外窗、采暖、制冷、新风等进行了全面系统的节能优化设计，从而彻底摆脱了传统住宅完全依赖采暖制冷设备才能达到舒适温度的落后状况，实现了住宅的健康、舒适与节能。节能优化体现在如下几方面：

一、**外墙**：按我国现行节能设计标准《居住建筑节能设计标准（采暖居住建筑部分）》的要求，北京地区居住建筑外墙的传热

系数为 $0.90\sim1.16W/m^2\cdot K$。经节能优化设计的锦绣大地公寓外墙设计传热系数为 $0.3W/m^2\cdot K$，大大优于国家标准。

　　锦绣大地公寓进行了外墙外保温，聚苯板厚度为 100mm，外饰面干挂砖与保温层间有一个空气层，可以保持苯板的干燥。干挂砖的存在阻止太阳辐射直接作用在保温层上，很大程度上提高了墙体的保温隔热效果。

　　二、层面和地下部分：按我国现行节能设计标准《居住建筑节能设计标准（采暖居住建筑部分）》的要求，北京地区居住建筑屋面的总传热系数为 $0.60W/m\cdot K\sim0.80W/m\cdot K$。经节能优化设计的锦绣大地公寓屋面聚苯板厚度为 200mm，屋面的总传热系数为 $0.2W/m^2\cdot K$，也优于国家标准。锦绣大地公寓的顶层住宅将不复存在冬冷夏热的问题，而是与其他楼层一样冬暖夏凉。此外，我们的保温层一直深入到地下 1.5m，使得室外的冷热空气不易侵入地下室。

　　三、外窗：按我国现行节能设计标准《居住建筑节能设计标准（采暖居住建筑部分）》的要求，北京地区居住建筑外窗的传热系数为 $4W/m^2\cdot K$。经节能优化设计的锦绣大地公寓外窗设计传热系数小于 $2W/m^2\cdot K$，亦大大优于国家标准。空气渗透率为 $0.3m^3/(m\cdot h)$，为此我们选择了世界顶级的德国 SCHüCO 断桥型材铝合金窗和保温效果非常好的低辐射（Low-E）玻璃。Low-E 玻璃不仅能阻止室内热量的外泄，吸收太阳辐射能量，降低采暖负荷，节省采暖费用，更重要的是它可以减小玻璃表面与室内空气的温差，提高室内舒适质量。普通中空玻璃的热量传输是双向的，它一方面允许太阳辐射能大量地进入室内，另一方面也允许室内热量大量地向室外散失，从而成为冬季热量损失和夏季冷量损失的大漏洞，造成能源的浪费和开支的增加。

　　考虑到北京夏季较高强度的太阳能辐射，我们在外窗上安装了外遮阳帘。在欧洲某些气象条件与北京相近的地区，外遮阳帘是建筑物的必备设施，它的构造简单，使用方便，遮阳效果非常好，我们使用的遮阳系统遮阳率可以高达 80%。它不仅可以遮挡直射辐射，还可以遮挡漫射辐射。从而使室内温度尽量少受太阳辐射热能的影响，降低制冷负荷提高舒适度和节省制冷开支。

四、柔和式天棚辐射采暖制冷系统：由于外墙、屋面和外窗保温隔热的周密系统设计，为高舒适度的天棚低温辐射采暖和制冷系统的应用创造了有利的条件。天棚低温辐射供暖和制冷系统的供水系统是将 PB 管预埋在混凝土楼板里，冬季以 28℃ 的低温循环水供暖。夏季以 20℃ 的循环水制冷。它的优点是：设备负荷小，室内温度均匀，无噪声和风感，室内舒适度高；一套系统两季使用，冬天用低温热水供暖，夏天可低温冷水制冷，节省设备投资；省去了室内横七竖八的暖气管，为室内装修设计提供了方便，房间的净面积全部为有效使用面积，无形中提高了房屋面积的使用率。

五、节能新风系统：因为外围护结构良好的密封性和保温性，使得人为设计室内新风和污浊空气的走向成为可能。我们采用下送上排式通风系统，将新鲜空气由地面的墙边送入，将污浊空气由屋顶排出。与目前常用的上送上排通风系统相比，其优点首先是新鲜空气能够直接送到人体的口、鼻处。因为人体是新鲜空气所能接触到的最热的热源，所以它顺着人体爬升到口、鼻处是必然的结果。其次是因人体呼出的气体是室内最热的气体，所以不存在呼出的污浊气体与新鲜空气交叉混合的可能，而只能是升至屋顶从排气口排出室外。其三是节能，它利用排出气体的热或冷与将要送入室内的新风进行热量交换，以减少新风预热或预冷的能耗。

锦绣大地公寓这种全面系统的节能优化住宅在北京还是首例，在为住户节省能耗的同时，房屋的居住健康舒适度大大提高，是目前一般的节能住宅所无法比拟的。它的舒适程度已经达到欧洲住宅较高水平。所以我们可以自豪地说锦绣大地公寓是高舒适度、低能耗、健康、绿色、环保型住宅。

绵绣大地公寓在高舒适度低能耗健康住宅方面所做的努力引起了业内的广泛关注，被评为 2001 年度北京市十大明星楼盘之一。

陈亚君　北京锦绣大地房地产开发有限公司　工程师
邮编：100000

上海住宅建筑节能潜力分析

倪德良

【摘要】 本文介绍了上海当前住宅的用能结构，并分别分析了围护结构、暖通空调、其他家电与燃料节约的节能潜力，并进行了汇总。

关键词： 上海 住宅 建筑节能 潜力

为什么要作节能潜力分析？这是因为只有弄清了潜力所在，才能下决心，出对策；只有弄清了潜力的主次，开发的现实程度，才会有挖掘潜力措施的轻重缓急，有点有面地落到实处，变潜力为现实的节能量；只有弄清了挖掘潜力的关键和障碍，才有克服障碍的办法。

本文中估计的节能潜力是指在当前住宅能耗和"十五"期末预测能耗状况和技术水平基础上，对应某种目标，通过适当举措，能够在一定时期取得的节能幅度。对于住宅暖通空调来说，当前和"十五"期末的节能目标，是2000年颁发的《上海住宅建筑节能设计标准》提出的节能要求，即住宅建筑围护结构在传统住宅能耗与热工性能基础上节约暖通空调能耗20%，同时要求建筑暖通空调设备节能30%，合计节能50%的要求。

一、当前住宅建筑能耗结构

上海住宅建筑能耗的结构见表1。

住宅建筑 1999 年能耗结构　　　　　　　　表 1

用能项	电耗（亿 kWh）%		燃料消耗（万 tce）%		能耗（万 tce）%	
总能耗					418.6	100%
电耗	45	100%			167.4	40%
HVAC	11.3	25%			41.7	10%
照明	7.7	17%*			30.1	7.2%
冰箱	10.8	24%			40.2	9.6%
其他家电	15.3	34%			57.0	13.6%
燃料消耗			251.2	100%	251.2	60%
燃气消耗			105.4	42%		25.2%
热水			63.2	(60%)		15.1%
炊事			42.2	(40%)		10.1%
煤耗			127.4	50.7%		30.4%
热水			76.4	(60%)		18.3%
炊事			51.0	(40%)		12.1%
其他燃料			18.2	7.3%		4.3%

＊此百分数据为 1997 年调研所得数据，近年可能因空调用电的上升而有所下降。

表中总能耗、总电耗，煤耗和气耗数据均取自统计局公布 1999 年数字。空调照明数据由前两年的城镇抽样调查取得，考虑近 1～2 年的发展，适当作了些调整；冰箱数据由每个冰箱实际平均电耗估算得出，其他家电作为余数处理，热水与炊事数据也由抽样估算而得。

二、暖通空调（HVAC）设备节能潜力分析

《上海住宅建筑节能设计标准》要求住宅 HVAC 设备节能 30%。由于上海地区住宅暖通空调恐怕在很长一段时间内主要用耗电设备，所以节能 30% 实质是节电 30%。

当前居民暖通空调除电扇和小部分（约 10%）电取暖与单冷空调器外，主要是冷暖两用分体空调器。电热取暖方式，一般是不可取的，因电热能效太低，1kW 热量用电取暖器至少要消耗 1kW 电，而空调器却只需 0.4kW 左右的电。所以对用电取暖用户来说，节能潜力远大于 30%，至少 50% 以上。当前市场上分体式

冷暖空调有普通型和变频变速型之分,尽管交流变频空调和直流变速空调目前在市场上占有份额很小,两者合计约10%,但它们代表着空调发展的先进水平,属节能型空调器。有关资料及生产商介绍,交流变频空调较普通空调节能20%左右,而直流变速空调较普通空调节能30%左右,因此,占90%的空调用户和少量的电取暖用户中存在着较大的节能潜力,两者合计,可接近30%。

从今年空调市场看,节能空调与普通空调的价格比在缩小,居民开始看好节能空调,估计空调节能化的速度会加快。

上海目前对于有空调的用户来说,暖通空调平均电耗占该户总电耗的30%左右。而对于全社会来说,由于不是家家有空调,暖通空调电耗占总电耗25%左右,所以由此测算的节电30%的宏观节能总潜力为3.4亿kWh电,(11.3×30%=3.4亿kWh)相当于12.5万tce。

对于"十五"期末空调发展的预测和可能的节能量可作如下估算:到"十五"期末,每百户空调占有数由1999年的85台上升为130台或稍多一些,考虑到除居民安装率增加外,使用空调强度也可能有所增加。所以如不考虑节能,则其电耗由11.3亿kWh上升到16亿kWh左右;如实行空调设备节电30%,即可节电4.8亿kWh,相当于18万tce。在"十五"期间空调节能若抓得紧,可望在现有每百户85台节能空调的基础上再增加25台(一部分取代早期的单冷空调,一部分让新购空调者使用节能空调),使节能空调占1/4,这可以节约暖通空调电耗7.5%,则年节电量为1.2亿kWh,相当于4.8万tce。

若从另一角度测算,其结论也与此相近。全市城镇居民按370万户计,则"十五"期末共安装空调481万台,其中的120多万台为节能型空调。每台节能空调年节电按110kWh,每kWh按373克标煤计,则共节能4.9万tce,与上述4.8万tce接近。

虽然,到"十五"期末,每百户空调拥有量增加45台,而要求节能空调增加25台之多,这是有相当难度的。因此必须要增加宣传力度,并有重大鼓励性措施出台才行。

三、围护结构节能潜力分析

《上海住宅建筑节能设计标准》中对围护结构的热2性能作了如表2的规定：

住宅建筑围护结构传热系数 K 限值（W/($m^2 \cdot K$)） 表2

部位	传热系数 K
外墙	≤1.5
屋顶	≤1.0
外窗	≤4.7
户门	≤3.0

如果住宅建筑达到了表2的要求，就可视为满足了节能20%的标准要求。从2001年起此标准首先通过示范工程陆续在新建筑中得到实施。节能20%，实际就是节约住宅暖通空调能耗的20%，而1999年暖通空调电耗又占总电耗的25%，所以它的节电率为5%（20%×25%），在总能耗中的节能率为2%（5%×40%），其节约总潜力为节电2.26亿kWh，或节能8.4万tce。

到"十五"期末，若不考虑节能，空调能耗由11.3亿kWh上升为16亿kWh左右，节能20%的潜力为3.2亿kWh，相当于12万tce。

上述估计的节能潜力是根据节能设计标准要求和计算年的能耗状况估算而得的，是全市的宏观节能潜力。

根据建设部要求和"上海建筑节能规划研究报告"提出的规划安排，上海建筑节能的第一阶段（2001~2005年）目标是，到2005年即"十五"期末，新建节能住宅按面积计达到当年新建住宅的30%，旧房改造除示范工程外，尚不安排。因此实际可能得到的节能潜力只能在新建筑中挖掘。下面根据《住宅建筑节能设计标准》规定的围护结构耗热量和耗冷量指标（表3）测算其节能潜力。根据表3计算得到节能住宅外围护结构的空调能耗降低值全年为16.38W/m^2（表4）。

住宅建筑围护结构的耗热量和耗冷量指标　　表3

耗热量指标（W/m²）			耗冷量指标（W/m²）		
条状建筑	点状建筑	平均值	条状建筑	点状建筑	平均值
33	39	36	25	34	29.5

节能住宅外围护结构的使用耗能降低值　　表4

冬季耗热量（W/m²）			夏季耗冷量（W/m²）			全年降低量
条状建筑	点状建筑	平均值	条状建筑	点状建筑	平均值	（W/m²）
33/0.8－33=8.25	39/0.8－39=9.75	9.00	25/0.8－25=6.25	34/0.8－34=8.50	7.38	16.38

今后上海新建住宅平均每年按1000万m²计，到"十五"期末，节能建筑达300万m²，是当年新建住宅量的30%，约为该年总住宅量的1/80。围护结构部分的使用能耗降低量为：

$$1000 \text{万 m}^2 \times 0.30 \times 16.38 \text{W/m}^2 = 4.914 \text{万 kW}$$

在不考虑空调设备节能的前提下，每m²建筑面积空调用电的节约量（空调设备的能效比取2.5，根据气象部门提供的上海近十年的气象资料确定上海冬季采暖天数为32天，夏季降温期为58天）为：

a. 冬季的单位建筑面积节电量：

条状建筑：$(33/0.8-33) \times 24 \times 32 \div (2.5 \times 1000) = 2.53 \text{kWh/m}^2$

点状建筑：$(39/0.8-39) \times 24 \times 32 \div (2.5 \times 1000) = 3.00 \text{kWh/m}^2$

包括高层以及别墅在内，以条状与点状各50%计，冬季围护结构的节电量为：

$$(2.53+3.00) \div 2 = 2.7 \text{kWh/m}^2$$

b. 夏季的单位建筑面积节电量：

条状建筑：$(25/0.8-25) \times 24 \times 58 \div (2.5 \times 1000) = 3.48 \text{kWh/m}^2$

点状建筑：$(34/0.8-34) \times 24 \times 58 \div (2.5 \times 1000) =$

$4.73kWh/m^2$

条状与点状建筑平均计,夏季围护结构的节电量为:

$(3.48+4.730)\div2=4.11kWh/m^2$

c. 全年的单位建筑面积节电量:

$2.77+4.11=6.88kWh/m^2$

d. 全市全年获得的节电总量:

1000 万 $m^2\times0.30\times6.88kWh/m^2=2064$ 万 kWh

这相当于 0.77 万 tce。这是按节能设计标准计算而得的理论最大节能量。由于这数据是按住宅所有建筑面积每天 24 小时空调测算得来的。实际上当前上海居民每天使用空调时间远小于 24 小时,当然天数可能也不止文中的 32 天和 58 天。比较符合实际的方法应以空调的当量制热和制冷小时数计算。根据资料和有关专家估计,上海当量制热和制冷小时数合计约 1000 小时,即为现行计算值的一半。此外,一个居民家庭极少整个建筑面积均使用空调的。当前每百户人家拥有空调 85 台,而每百户人家拥有的卧室可能有 200 间,可见有空调的房间还不到一半。到"十五"期末虽超过一半,但按建筑面积计可能还不到一半,因此上面的节能量测算远大于实际的节约量,实际的节约量估计只有其 1/4~1/5,约 0.17 万 tce。这与 12 万 tce 总潜力的 1/80 相当。

四、其他家电的节能潜力分析

家用电器除空调、取暖器和电扇之外,还有照明灯、冰箱、洗衣机、电饭锅、电视机、音响和脱排机等等,其中天天用的,占较大能耗份额的主要是冰箱和照明灯具,因此这里重点分析这两项节能潜力。

(1) 冰箱

上海除乡村农民家庭只有部分拥有冰箱外,城镇居民冰箱拥有率几乎是 100%。常规冰箱特别是好几年前购买的冰箱实际年均使用电耗大约每天 1kWh。近年随着科技进步,冰箱电耗在逐步下降,且陆续有节能冰箱面世如容声、美菱、新飞和海尔等等均有节能 30%~50% 的冰箱生产与销售。椐加拿大资料介绍,该国近年生产的冰箱与过去生产的冰箱相比，节能可达50%。说明节能冰箱是冰箱的发展趋势。当前市场上节能冰箱型号已有30%左右，但居民中节能冰箱可能还不到20%。因此如果用节能冰箱取代老的常规冰箱，就有很大的节能潜力。据抽样分析，当前消耗在居民冰箱上的电耗约占总电耗的24%即耗电10.8亿kWh，(实际使用冰箱按380万台计)平均每个冰箱每天耗电0.8kWh左右。如果把80%以上普通冰箱每天实际能耗下降到0.5～0.6kWh，则可节电25%～35%，也就是平均具有30%即3.24亿kWh电的节能潜力。今后如果每年用节能冰箱更新非节能冰箱5%（即在16年内更新完)，到"十五"期末，可得到将近10%即1.08亿kWh的电能节约量，相当于4.0万tce。实际上，前期冰箱节能化的速度要慢一些，以后随着节能工作的深入速度会越来越快。因此"十五"期间的现实更新速度可能只有平均值的一半即只能得到5%节电量相当于2.0万tce。

（2）照明

据抽样调查，当前消耗在照明上的电量约占住宅总电耗的17%，即7.7亿kWh。对于这个比例，一般说近期不会有太大的变化。据调查，当前每户平均使用紧凑型节能灯1只，白炽灯6只，直管荧光灯3只，其他花色灯1～2只。

居民照明节电主要靠宣传和居民自觉意识。如在10年内，加强节能灯使用的宣传，并敦促生产厂提高质量，延长使用寿命，降低成本，每户多使用2只紧凑型节能灯是有可能做到的。每只节约功率25W，共用940万只（全市按470万户计），节约总功率$0.025 \times 940 = 23.5$万kWh。若每年每只使用600小时，则年节电1.41亿kWh。

每户还使用2支T-8直管荧光灯（细管）和电子镇流器代替T-12直管荧光灯（粗管）与电感镇流器，应该说也可以做到每套节约功率10W，共需940万套，则节约总功率：9.4万kWh，节约电量0.56亿kWh。

让全市居民采用以上两项措施，作为照明节能改造目标是有可能实现的。设用灯的同时率以0.6计,则具有如下节能潜力：节约电功率$(9.4+23.5)\times 0.6=19.7$万kWh,年节电量为$1.41+0.56=1.97$亿kWh,它占总照明电耗24%,即照明节电潜力为24%,相当于7.46万tce。

如再进一步估算"十五"期末到达的节能幅度,可作如下估计：五年内让上海市民在现有照明情况下再采用一支节能灯和一支细管T-8荧光灯,则可节能12%,相当于3.73万tce。

五、居民燃料节约潜力分析

统计表明,市区居民的炊事和热水几乎均用燃气能源,部分城郊居民也使用燃气包括煤气、天然气和LPG（液化石油气）,其总量为105.5万tce。全市城镇的煤炭耗量为72.45万tce,其部分为马路点心摊贩等所用,部分用于市郊城镇居民的炊事和热水；乡村的煤炭耗量为54.95万tce,合计127.4万tce。

(1) 燃料节约潜力

由上述的基本情况可知,燃料能源中的节能潜力主要存在于提高燃气设备的效率和用燃气取代固体燃煤两个方面。当前燃气设备主要是燃气热水器和燃气灶两种。热水器的效率已在80%以上,有的已达85%,因此要进一步提高效率较难,提高的幅度也不大,专家认为最多能节能5%。至于燃气灶,如果两眼灶中的一眼改为红外辐射灶,正像同济大学研制开发的节能灶一样,据说可节能10%。目前热水与炊事的耗气比大约是3∶2,所以燃气部分平均节能潜力约为7%,相当于7.4万tce。

固体煤的用户,大约一半可以方便地改用燃气,而由固体煤改烧燃气,至少节约40%的能源即为$127.4\times 50\% \times 40\%=25.48$(万tce),因此标称节能率为20%。虽然燃气化是发展方向,但要所有用煤场合都燃气化还需要一个较长的过程,有些场合反觉不方便,难以燃气化。

以上两项合起来的燃料节约潜力为32.9万tce。

估计在"十五"期间要在燃气方面有显著的节能量是很难的,而可以逐步让城乡用煤户改用燃气,提高能源利用效率。如果到

"十五"期末，能让15%的现有的，可方便地改用燃气的用煤户改用燃气，则可节能3.8万tce。

(2) 太阳能热水器的节能潜力

专家估计，当前热水能耗约占燃料能耗的60%，则上海城乡居民全部商用燃料能耗中，热水能耗为(105.5+127.4)×60%=139.7（万tce）。

对于这样高的居民热水能耗，仅靠提高设备的效率是不够的，而且节能潜力也不很大。最大的节能潜力莫过于利用太阳能热水器。根据上海太阳能资源和近年热水器的性能，上海地区利用太阳能热水器大约可以提供60%的热水需求，故最大的节能潜力为139.7×60%=83.8万tce。

实际的或者有可能取得的节能潜力取决于居民安装太阳能热水器的安装率或利用率。如让30%的居民使用太阳能热水器将来是有可能实现的，则可节能25.14万tce，即在当前的能耗条件下存在着25.14万tce的节能潜力。

云南昆明和浙江的许多地区都已普遍使用太阳能热水器。昆明已有1/3家庭装有太阳能热水器。虽然上海目前应用太阳能热水器的居民为数极少，但有了外地这些应用经验，我想一定为上海的大量应用提供有用的借鉴，逐步将此巨大的节能潜力挖掘出来。

如果在"十五"期间，每年让1%的居民用上太阳能热水器，则到"十五"期末就有5%的居民使用太阳能热水器了。这相当于节约4.19万tce。还可从另一个角度测算，通常每户使用1.5m^2的太阳能热水器，根据上海的使用数据，每年每m^2热水器可节能120kgce，则到"十五"末，5%的家庭即23.5万户使用太阳能热水器，其节能量为4.23万tce，与上述4.19万tce相近，可见测算是比较现实的。

六、住宅建筑节能潜力汇总

经上面的分析，上海住宅建筑，按1999年的能耗状况估算的各部分的节能潜力列于表5中。

住宅建筑节能潜力汇总 表5

节能项目		标称节能率	估算的节能潜力	占总能耗的比例
节电	1. HVAC	50%	20.9 万tce	5%
	设备	30%	12.5 万tce	3.0%
	围护结构	20%	8.4 万tce	2.0%
	2. 照明	24%	7.46 万tce	1.78%
	3. 冰箱	30%	12 万tce	2.86%
	4. 其他家电	0	0	0
节约燃料	燃气	7%	7.38 万tce	1.76%
	燃煤	20%	25.48 万tce	6.1%
	太阳能热水器	30%（按30%居民使用）	25.14 万tce	6.0%
	合计		98.36 万tce	23.50%

由表5可见,较大的住宅节能潜力存在于太阳能利用、块煤用户的燃气化、节能空调与冰箱的采用、节能照明的推广和建筑围护结构的保温隔热中。

"十五"期末的住宅总能耗预测为530万tce,则其"十五"期末预测的各部分节能量列于表6中。

"十五"期末住宅各部分节能量及措施 表6

节能项	预期节能量（万tce）	占住宅总能耗比重(%)	目标措施
空调设备节能	4.8	0.9	五年后城镇居民节能空调达120万台
围护结构节能	0.17	0.04	五年中共新建300万 m² 节能建筑
照明节能	3.73	0.70	五年中每户再使用一只节能灯,一只细管荧光灯
冰箱节能	2.0	0.37	五年中有将近50万台老冰箱被节能冰箱取代
燃气化节能	3.8	0.72	五年中累计15%的可改用煤户改用燃气
太阳能利用	4.19	0.79	五年中累计5%的家庭安装太阳热水器
合计	18.7	3.52	

由表6可见,到"十五"期末,住宅建筑的节能率可达3.5%。

这与上海近年社会总节能率3%～4%相当，说明到"十五"期末，本市如按提出的目标措施去实行则可使建筑节能初见成效，开始进入与工业等社会节能工作同步发展阶段。由表6还可见，住宅围护结构的节能量很小，这是因为到"十五"期末，实施节能标准的住宅建筑量还太小，只占总住宅面积的1/80，另外，空调能耗在住宅总能耗中所占比例还不算大。

七、节能潜力分析后的启示

1. 上海地区虽属夏热冬冷地区，但室内外温差不很大，因此房屋保温隔热节能效果不显著，投资回收期较长，但是建筑物保温隔热还要搞，它可大大改善房屋的热舒适性。这就是说，改善热舒适性是第一位的，节能是第二位的。

2. 开展建筑节能除搞好围护结构达标建设外，暖通空调设备节能非常重要。然而上海在HVAC设备节能方面还缺乏具体办法，如节能标准、管理办法和鼓励性政策措施等去引导节能工作。

3. 由于建筑能耗除HVAC能耗外，还有照明、冰箱、计算机等其他许多家用电器的耗电和炊事热水等燃料消耗，其合计较前者大得多，因此，降低建筑能耗还应关注空调以外的家用设备方面，否则不能明显降低建筑能耗。

4. 建筑节能的大量潜力存在于城乡固体煤用户的燃气化和太阳能利用中。从国内外发展趋势看，太阳能建筑迟早要成为一个新兴的建筑产业，它是建筑物由高能耗变为低能耗、零能耗甚至产能建筑的关键性措施，因此，从长远看，开展建筑节能必须与发展太阳能建筑结合起来才有大的成效。然而，目前在上海地区安装太阳能热水器有节能不节钱的问题，居民不太乐意接受。因此，它的推广应用取决于政府补贴等扶持政策和鼓励性措施的出台。

八、能潜力测算的讨论

在1999年居民能耗结构表中，各种用途的耗能比例均取自城镇居民的典型调查分析，但它用的总电耗和总能耗数据是全市（城乡）耗能数据。城镇与乡村耗能的差别在于：城镇用电比例高，乡村用电比例低；城镇耗煤比例低，乡村耗煤比例高。如城乡一起算，耗电占总耗能40%，但城镇单独算一定高于此数，约45%~50%左右，这可以影响估算的潜力占总能耗的百分比，但不影响基本的潜力分析结论，包括潜在节能量和它的大小次序。

致谢

本文围护结构节能潜力分析中，耗热量、耗冷量指标、对全年节电量的计算由上海建科院杨星虎高工提供，在此深表感谢！

倪德良　上海市能源研究所　高级工程师　邮编：200080

深圳市居室热环境的优化设计

马晓雯　付祥钊　侯余波　范园园　刘俊跃

【摘要】　本文分析了深圳市的气候特征，提出了深圳市居室热环境建议标准，主要论述了优化深圳市居室热环境的方法，并提出相应的建筑热工配套措施。

关键词：居室热环境　舒适性　可居住性　间歇自然通风　隔热　遮阳　气流组织

为配合深圳市住宅建筑节能设计标准的编制，我们在2001年7月~8月对深圳市住宅建筑在不同降温工况下的居室热环境进行了实测、对比；对分布在深圳市各区的6户住宅进行了入户调查，对深圳市的12个典型住宅小区进行了建筑及其热工性能的统计。通过这些实测、调查和统计，掌握了深圳市住宅建筑以及室内热环境的现状，并且在对实测数据进行分析统计的基础上，得出了深圳市居室热环境建议标准。本文是以这些实测、调查和统计数据为基础，通过对比分析，找出优化深圳市居室热环境的设计方法。

一、深圳市的气候特性

深圳市地处东南沿海，属亚热带季风海洋性气候。全年气温较高，日照强，夏热冬暖，冬季日照率为45%。夏热期长，一般从4月份开始进入夏季，直到10月份才转入秋季。1986~2000年15年间7月的月平均气温28.9℃，最高气温35.6℃。夏季气温日较差多在3.6~5.0℃，最高7.2℃；相对湿度较大，平均在75%以上，最高达到95%；室外风速大，室外平均风速大于4m/s，台风时可达12m/s。

总的说来，深圳市属于高温高湿地区，天气过程较为单一，夏季一般就是晴天、阵雨天气和台风天气三类，阴雨天气少，几乎没有持续阴雨天气和连晴高温天气。虽然深圳市全年气温都较高，但最热月平均气温在28℃左右，极端高温不会超过39℃，1986～2000年15年来夏季最高气温是37.1℃；而夏热冬冷地区夏季存在连晴高温天气，最高气温可达40℃以上，闷热难耐。加上深圳市临海，白天海上冷气流吹向陆地，风速大，还可以起到降温的作用；夜间风从陆地吹向海洋，风速小于白天，但仍可达到1.5m/s左右。不像夏热冬冷地区，夏季白天是热风横行，夜间静风率高，无法带走白天蓄积的热量。因此，深圳市的建筑外部热环境条件优于夏热冬冷地区。

二、深圳市居室热环境建议标准

根据2001年7月～8月在深圳市的现场实测和调查，可发现：单以室内气温而论，温度超过30℃的感觉热，25～28℃时舒适，低于25℃后就觉得偏冷。综合湿度、风速等的影响，计算PMV（热环境综合评价指标）值，取衣着为一般夏季着装（0.5col），人员能量代谢率取为$70W/m^2$，做功为0，可计算得深圳市室内热环境舒适的综合指标为：PMV≤0.77（27.7℃，82.2%，0.2m/s）。

参考国内外同类标准以及夏热冬冷地区居室热环境标准，建议的深圳市居室热环境标准见表1。建议深圳市夏季居室热环境标准分为舒适性标准和可居住性标准两级。

深圳市夏季室内热环境建议标准 表1

指标名称		舒适性标准	可居住性标准
综合性指标（PMV）		≤0.77	
主要指标	室内干球温度	白天：最大不超过28℃，最佳范围25～27℃ 夜间：最低不低于25℃，最佳范围27～29℃	日平均值≤29℃
	室内相对湿度	≤70%	≤80%

三、深圳市居室热环境的优化设计思想

深圳市是我国的经济特区,是我国经济最发达的城市之一,居民的生活水平普遍较高,有空调器的家庭达90%以上,空调器台数为2~4台/户。但深圳市的居室热环境不宜完全依赖空调器,因为除用电量大外,使用空调器还存在着噪声大、夏季排热风、冬季排冷风、破坏建筑外观、影响市容等社会环境问题。

由于深圳市地处沿海,室外风速大,因而建议用间歇自然通风作为改善深圳市居室热环境的基本措施。间歇自然通风的含义是:白天特别是午后室外气温高于室内时,关闭外门窗,限制通风,避免室外热空气的侵入,抑制室内气温上升,减少室内蓄热;夜间和清晨室外气温低于室内时,打开外门窗,利用较大的室外风速进行自然通风,消除室内蓄热,降低室内空气温度,进行蓄冷。

根据现场实测,对于短肢剪力墙住宅,采用间歇自然通风与持续自然通风的效果对比见表2。由表2看出:在室外温度相近的条件下,采用间歇自然通风的降温方式可使室内温度比持续自然通风时低1℃左右,当室外温度不超过29℃时可使居室热环境质量达到可居住性标准。根据间歇自然通风的降温原理可推断出,当室外日较差大时,采用间歇自然通风的降温方式效果更显著。

不同通风方式的室内外温度(℃) 表2

降温方式	温度特征值	室外气温			室内气温		
		t_{wp}	$t_{w\ max}$	$t_{w\ min}$	t_{np}	$t_{n\ max}$	$t_{n\ min}$
无遮阳	持续自然通风	29.9	32.7	27.9	29.6	31.8	28.0
	间歇自然通风	30.1	32.5	28.7	29.9	30.8	28.8
百叶外遮阳	持续自然通风	26.6	30.8	28.7	27.3	30.4	28.8
	间歇自然通风	27.2	31.8	29.4	27	29.3	28.4

注:1. 上述实测的室内温度均是同一间屋(客厅)的居室温度;
 2. t_{wp}——室外日平均气温;$t_{w\ max}$——室外日最高气温;$t_{w\ min}$——室外日最低气温;
  t_{np}——室内日平均气温;$t_{n\ max}$——室内日最高气温;$t_{n\ min}$——室内日最低气温。

四、建筑热工配套措施

采用间歇自然通风，所需的主要配套措施是围护结构的隔热以及整个小区的气流组织状况，前者是为了降低白天限制通风时通过围护结构传入室内的热量，而后者是为了保证室外较大的风速，使室外冷气流顺畅的进入室内，提高夜间与室内空气的热交换速度。

1. 围护结构的隔热

1.1 屋面隔热

屋面隔热，宜通过屋面资源的开发利用来完成。如屋顶花园、经济种植以及高技术含量的屋面生态系统等，既改善了居住区的环境，又提高了屋面的隔热性能，而不需要增加专门的屋面隔热费用，值得推广。

1.2 外窗遮阳

对于间歇自然通风，白天限制通风时，经外窗进入室内的太阳直射和散射是室温上升的主要原因，因而除降低外窗的传热系数之外，外窗的遮阳隔热是提高围护结构隔热性能的关键。

在现场实测期间，我们对无遮阳、布窗帘内遮阳、双层窗帘（内层是布窗帘，外层是遮光布，反射面向外）内遮阳、百叶外遮阳工况进行了对比实测，对比数据见表 3 和表 4。

表 3 和表 4 中的数据测的是阳台玻璃门在不同遮阳时的客厅各温度。由于阳台本身已起到了很好的遮阳作用，因而在有宽大阳台的外遮阳作用后再采用其他遮阳，其隔热降温效果不是很明显，但还是可以看出：百叶外遮阳效果最好，双层内遮阳次之，布窗帘效果最不好。

但是采用百叶外遮阳也存在问题：百叶外遮阳在白天可以遮挡太阳辐射，而在夜间会影响降温的通风量，并且影响通过窗口向夜空的长波辐射散热，使夜间室温下降不够。因而在夜间应将百叶遮阳移去，这样使用起来不是很方便，而且还要影响室内日照、采光及视觉感受等。

因而深圳市外窗的遮阳应寻求一种更方便，效果更显著的方法。

间歇自然通风时室内外气温差　　　　　　　表 3

遮阳情况	无遮阳	布窗帘内遮阳	双层窗帘内遮阳	百叶外遮阳
日平均气温差（℃）	-0.2	1.0	-0.4	-1.0
日最高气温差（℃）	-1.7	-1.7	-1.7	-2.5
日最低气温差（℃）	0.1	1.7	0.6	-0.2

间歇自然通风时室内各表面与室内气温之差（℃）　　表 4

表面	遮阳情况	无遮阳	布窗帘内遮阳	双层窗帘内遮阳	百叶外遮阳
西南外墙内表面	日平均气温差	0.3	0.0	0.0	0.6
	日最高气温差	0.1	-0.2	0.5	0.6
	日最低气温差	0.6	0.0	0.1	1.4
西北内墙表面	日平均气温差	0.1	0.0	-0.1	0.3
	日最高气温差	-0.2	-0.3	-0.2	0.2
	日最低气温差	0.3	-0.1	0.2	0.2
东北内墙表面	日平均气温差	0.0	0.0	0.0	0.2
	日最高气温差	-0.4	-0.4	-0.2	-0.2
	日最低气温差	0.4	0.0	0.3	0.5
东南内墙表面	日平均气温差	0.0	-0.1	0.0	0.1
	日最高气温差	-0.4	-0.4	-0.2	-0.2
	日最低气温差	0.4	0.0	0.3	0.4
天花板表面	日平均气温差	0.2	0.3	0.2	0.5
	日最高气温差	-0.2	-0.1	0.1	0.3
	日最低气温差	0.5	0.4	0.4	1.2
地板表面	日平均气温差	0.2	-0.1	0.0	0.1
	日最高气温差	-0.2	-0.1	-0.2	-0.2
	日最低气温差	0.3	0.0	0.3	0.1

注：表 3 和表 4 中的温度数据均是客厅阳台的玻璃推拉门在采用不同遮阳时所测的各项温度。

1.3 外墙隔热

通过现场实测以及计算机分析，获得间歇自然通风条件下的外墙内表面变化规律。短肢剪力墙结构西南外墙内表面，白天不通风时（8:00～19:00），低于室内温度，最大为$-0.5℃$；夜间通风时（19:00～8:00），高于室内温度，最大为$0.8℃$。可见间歇自然通风时，白天外墙内表面不会造成室内气温上升，而夜间高于室内气温，但此时房间处于通风状态，只要室外风速足够大，可有效的控制室内气温。

深圳市的住宅建筑多采用短肢剪力墙和框架剪力墙结构，框架剪力墙的墙体为100%的钢筋混凝土；短肢剪力墙的墙体承重墙为钢筋混凝土，非承重墙为加气混凝土砌块或砖墙。其中，钢筋混凝土 $K=2.81W/(m^2·K)$，$D=2.4$；加气混凝土非承重墙：$K=0.86W/(m^2·K)$，$D=3.72$；砌砖非承重墙：$K=1.97W/(m^2·K)$，$D=2.5$。

可见，为了提高外墙的隔热性能，应在结构允许的范围内尽量减少钢筋混凝土的比例，并采取措施改善其热工性能，且非承重墙尽量采用加气混凝土墙。

2. 小区的气流组织状况

改善小区气流组织，其原则是：使室外的气流不受阻挡的进入住宅，以及保证夜间进入房间的较大风速，这是采用间歇自然通风降温方式的前提。

如何组织小区气流才能达到最佳的效果，这需要系统深入地进行研究。

参 考 文 献

[1] 付祥钊编 长江流域（夏热冬冷区）住宅节能与热环境示范工程研究报告集

[2] 付祥钊编 重庆及长江流域（夏热冬冷区）住宅热环境设计

[3] 中国建筑业协会建筑节能专业委员会 编著 建筑节能技术

[4] 陆耀庆主编. 实用供热空调设计手册
[5] 中国—法国建筑节能技术与产品过渡地区研讨会资料 中国·重庆 1999年6月3日～4日

马晓雯 重庆大学B区城市建设与环境工程学院 硕士研究生
邮编：400045

深圳市居住建筑夏季降温方式实测与分析

范园园　侯余波　马晓雯　付祥钊　刘俊跃

【摘要】 本文介绍了2001夏季对深圳市居住建筑围护结构的热工性能的实测资料，以掌握因围护结构传热引起的建筑能耗的实际情况，找出围护结构内表面温度的变化规律及影响深圳市建筑能耗的关键因素。根据已获的实测数据，从深圳市居住建筑夏季降温方式的选择进行分析讨论。

关键词：自然通风　内表面温度　空气温度　热惰性　遮阳

实测的基础资料
1. 实测地点：
深圳市南山区麒麟花园 E 栋
2. 建筑资料、热工措施：

点式建筑，共17层，体形系数为0.253。实测住户位于二楼，该户未装修，三房两厅两卫。建筑面积103.40m^2，使用面积90.72m^2。层高2.8m。

短肢剪力墙结构，非剪力墙部分为黏土砖，地层架空。
热工措施：
外窗：单层塑钢玻璃窗。
外门（入户门）：防火防盗门。（各房间内门未安装）
楼板：现浇楼板。

本次实测采取了以下四种方案：(1) 24小时持续自然通风降温方案 (2) 间歇自然通风降温方案 (3) 间歇空调降温方案 (4)

24小时持续空调降温方案。根据实测方案,对不同的房间采取了不同的措施,进行现场实验。现抽取符合深圳市民生活习惯且易行的夏季降温方式作讨论。

(1) 24小时持续自然通风

24小时持续自然通风降温无遮阳的情况:

A. 在持续自然通风且外窗无垂直遮阳的情况下,室内温度变化趋势与室外温度变化趋势相同。室外温度在6:00降到最低值,16:00达到最高值。各个房间室内温度几乎与室外温度同时达到最值。在白天,室内空气温度随着室外高温空气的进入而上升,但由于房间围护结构的蓄冷能力,室内墙体各表面温度低于室内气温,从空气中吸热,抑制了室内气温的上升,使室内气温低于室外最高气温$0.2 \sim 1.2$℃。而外窗不可开启部分的内表面温度比室内温度偏高,由此可见白天室内空气的得热主要来自于与室外热空气的直接对流换热和少量的外窗的温差传热。夜间,室外空气下降时室内空气也随之下降,但高于室外最低气温$0.1 \sim 1.7$℃。此时室内各表面温度均高于室内气温,室内各表面向室内释放白天吸收的热量,造成室内气温高于室外。

B. 所不同的是,在几个所测试的房间中,卧室1与卧室2均在12:00~18:00室内气温低于室外气温,在其他时间则高于室外气温;而客厅则在8:00~20:00室内气温低于室外气温,其他时间室内温度高于室外气温,与两个卧室相比,客厅温度更接近室外温度,这是因为客厅外窗其实为推拉玻璃门,开启面积大,进风量大,室内外空气交换速度大。而卧室1与卧室2由于室内外空气交换不太充分,使得夜间各房间表面放出的热量未及时被带走,因此导致室内气温高于室外气温1℃左右且随室外气温的上升而不断上升,而室外气温接近中午即12:00左右才能达到并逐渐超过室内气温,而在傍晚时,室内气温又不能即使随着室外气温的下降而下降,所以卧室1与卧室2的室内气温仅在12:00~18:00这一很短的时段低于室外气温。

从以上的分析比较可得:

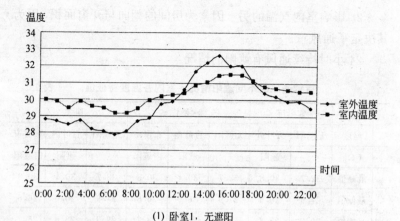

(1) 卧室1,无遮阳

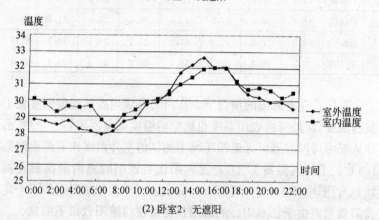

(2) 卧室2,无遮阳

1.24小时持续通风条件下影响室内温度的主要因素为房间围护结构的蓄冷能力,即热惰性指标。因为通过实测发现在白天室内各内表面温度(包括外墙内表面温度)低于室内气温,即墙内表面与室内空气之间的对流换热热流的方向是从空气指向墙的,使得墙内表面温度不断升高,墙与空气间的热通量不断减小,经过一段时间后墙内表面温度才超过室内气温,如果墙体热惰性指标大,有极大的蓄冷能力,它可使其内表面长时间处于吸热状态,抑制室内气温上升;在夜间其表面温度虽高于室内气温,但加强房间通风状况,充足的通风量可抑制室内气温。

2. 影响室内气温的另一因素为房间的朝向与开窗面积，因为其决定了通风量。

24 小时持续通风有遮阳的情况：

持续通风时不同遮阳情况下室内各温度特征值　　表1

房间	温度(℃)	客厅 无遮阳	客厅 百叶外遮阳	卧室1 无遮阳	卧室1 百叶内遮阳	卧室1 布窗帘内遮阳	卧室2 无遮阳	卧室2 百叶内遮阳	卧室2 布窗帘内遮阳
室外气温	最高值	32.7	30.8	32.7	30.4	30.8	32.7	30.4	30.8
室外气温	最低值	27.9	26.6	27.9	26.0	26.6	27.9	26.0	26.6
室外气温	平均值	29.9	28.7	29.9	28.6	28.7	29.9	28.6	28.7
室内气温	最高值	31.8	30.4	31.5	30.4	30.6	32.0	31.1	31.3
室内气温	最低值	28.0	27.3	29.2	27.2	27.1	28.4	27.7	27.5
室内气温	平均值	29.6	28.8	30.3	29.4	28.9	30.3	29.7	29.4

客厅：在有遮阳的情况下，在白天外墙内表面温度明显低于室内温度，而外窗内表面温度也比室内温度低而逐渐趋于一致。另外从表中可以看到，无遮阳工况下测试的室外温度比有遮阳时高1.9℃，平均气温高1.2℃；无遮阳比有遮阳时室内最高温度高1.4℃，平均高0.7℃。可见百叶窗帘进行活动外遮阳起到了一定遮阳效果但由于已有阳台的遮阳作用而使得遮阳效果不明显。

卧室1与卧室2：采用遮阳后，并未起到降温隔热的效果。尤其是卧室2还出现了全天气温高于室外气温的情况，分析室内空气流动的情况发现，卧室2的进风并不是直接从室外进入，而是由其他房间进入，空气在流动过程中温度会有升高，遮阳的阻挡作用使热空气不能顺畅排向室外，在室内滞留，造成了室内气温偏高。

从以上分析可得，在深圳，开窗自然通风时，采用布窗帘、百叶等轻质活动遮阳效果并不显著，主要原因是：

1. 深圳市室外风大，常把遮阳吹开，未起到应有的遮阳作用。

2. 在某些情况下，遮阳成了室内外空气交换的阻碍，使得热空气不能顺畅排出。在夜间，如遮阳仍在窗口，阻碍了室外冷空气的进入，影响了夜间降温通风量。

3. 遮阳同时将自己吸收的太阳辐射热以对流形式传给进风气流，引起室温上升。

因此若采用持续通风且加遮阳措施来降温，应使遮阳不被风吹起且不影响室内通风，遮阳应采用反射率大而吸收率小的材料。固定式的遮阳还要考虑春秋冬三季的室内日照，采光，不可能同时达到满意的效果。因此在持续通风的情况下建议只在太阳辐射强的时段使用遮阳。

（2）间歇自然通风

间歇自然通风时：8：00～19：00 关外窗，其余时间则打开外窗。白天特别是午后室外气温高于室内气温时，限制通风，避免热空气进入，抑制室内空气温度上升，减少室内蓄热；夜间和清晨，室外气温低于室内时，打开窗户，利用自然通风消除室内蓄热，降低室温。

采用间歇自然通风方案，关窗的阶段，室内气温先上升 0.5～15℃左右，以后几乎就不再变化，待开窗后随室外温度的下降而下降。关窗后，进入室内的热空气量少，室内温度的上升主要靠外围护结构的传热，而围护结构的蓄热作用，使通过围护结构的传热有延迟和衰减，又因房间内表面温度低于室内温度，不断吸热，这样避免了室内温度的突变，而且可以在较长的时间里保持稳定，而且白天室内最高气温比室外低 1.7～2.5℃。夜间室内各表面放热，使室内最低温度比室外最低温度高 0.1～1.7℃，从而使全天室内温度的日较差低于室外日较差 1.8～3.5℃。

在无遮阳时，在关窗的时段各时刻房间内各表面（包括外墙内表面）温度均低于室内气温，而外窗内表面温度则明显高于室内气温，由此可得，在间歇通风关窗时段室内空气的得热主要来源之一是外窗的温差传热。而且经外窗进入室内的太阳辐射热，使室内各表面得热也间接影响室内气温。所以对于间歇通风提高外窗的热工性能和作好外窗的遮阳是关键。

间歇自然通风时不同遮阳情况下客厅室内外温度特征值　　表2

	温度（℃）	无遮阳	布窗帘内遮阳	双层窗帘内遮阳	百叶外遮阳
室外气温	最高值	32.5	30.4	29.4	31.8
	最低值	28.7	25.6	25.8	27.2
	平均值	30.1	26.9	27.6	29.4
室内气温	最高值	30.8	28.7	27.7	29.3
	最低值	28.8	27.3	26.4	27.0
	平均值	29.9	27.9	27.2	28.4

从上表的数据可以发现，采用内遮阳效果并不明显。而采用百叶外遮阳效果相对较好，但室外气温最高值比采用外遮阳时高0.7℃，平均温度高0.7℃；室内温度最高值比采用外遮阳时高1.5℃，平均高1.5℃。可见采用百叶外遮阳效果并不理想。因此间歇通风降低白天室内温度的关键是提高外窗的热工性能。可选择采用传热系数较小的双层玻璃或中空玻璃。

另外比较表1与表2的数据可以得出，在相近的室外温度条件下，采用自然通风的降温方案可使室温比持续自然通风时低1℃左右。这是因为间歇自然通风是在室内气温低于室外气温时才开窗，避免了热空气流入，直接与室内空气进行热交换而使室内温度迅速升高。但是，关闭外门窗后，室内空气流通差，加之空气湿度大室内舒适性远低于持续自然通风的情况。对照实测时所记录的"室内热环境参数与人员热感受表"可发现：不通风、不空调时，室内干球温度≥30.5℃，人闷热难眠，而室内干球温度在26.9℃时人仍能感受到热，但尚能忍受入睡。而自然通风时人在室内干球温度≥31.5℃时，才能感到闷热难眠；在28.5℃~31.5℃，感到热但尚能忍受入睡；在室内干球温度小于28.5℃时，人感到舒适易睡。所以在室内干球温度不算太高时宜采用自然通风降温。通常室外温度低于30℃，相对湿度不超过80%时可利用通风降温。

(3) 间歇空调

测试的房间为客厅,采用的是制冷量为5000W的海尔变频空调,测试方案为:0:30~8:40自然通风;8:40~19:00关窗并拉下外遮阳;19:00~0:30空调送风,空调温度设定为26℃。19:00以前室内温度变化情况与间歇通风时一样,19:00以后空调开始运行后,室内温度下降较快,当达到设定值后趋于稳定。在空调运行时段室内各表面温度均高于室内空气温度。空调在运行中提供的冷量主要消除围护结构的传热,其他房间带入的热空气和人员、设备的散热。

客厅空调的耗电量见表3,平均每小时为0.45kWh

时 间	18:30	20:30	22:30	0:30
室外温度(℃)	29.8	29.4	29.0	28.3
室内温度(℃)	29.2	27.6	27.6	27
耗电量(kWh)	0	0.9	0.9	0.9

本次测试期间,阴、晴、雨天相间。测试的天气状况具有代表性。其中最高时刻温度为33.4℃,日平均最高温度为30.6℃。而大多数日子的各时刻温度低于30℃,只有在14:00左右室外气温偏高。因此大多数情况下可采用自然通风来降温。而在少数高温天气可采用空调的降温方式。当然不同的住户的热感受和对舒适性的要求不同,因此也不同。但通过对深圳市不同地区不同建筑的住户做分户问卷调查发现,普遍住户的夏季高温晴天的降温方式为:客厅与次卧采用持续自然通风,在14:00~16:00太阳辐射强的时段采用遮阳,主卧采用间歇空调,空调时间由天气状况决定;而对于白天无人的住户客厅与次卧采用间歇通风的降温方式,主卧采用间歇空调。通过以上的分析可知这样的夏季降温方式是合理的,而采用这样的降温方式改善室内舒适性的途径主要为:

1. 提高墙体的热工性能:增大热惰性指标,即选择导热系数小,蓄热系数大的墙体材料。

2. 提高外窗的热工性能:降低其传热系数和增强其对阳光的反射性能。

3. 改进活动遮阳材料性能:提高其反射率,降低其吸收率。

4. 合理地选择窗墙比:在能提高窗的热工性能的条件下,应加大窗墙比,以加强室内空气流动。

范园园　重庆大学B区城市建设环境工程学院　硕士研究生
邮编:400045

夏热冬冷地区节能建筑外围护结构热惰性指标 D 的取值研究

许锦峰

【摘要】 本文讨论了夏热冬冷地区节能建筑外围护结构的热惰性指标 D 的取值原则和现状；通过计算并对照节能建筑试点工程的实测数据，分析比较了该地区 D 的取值范围；结合目前常用的材料与构造措施，讨论了夏热冬冷地区节能建筑设计标准中的热惰性指标 D 的合理性。

关键词：建筑节能　热惰性指标

1. 背景资料

夏热冬冷地区夏季室外计算温度通常在 31～34℃之间，温度波幅值在 4～6℃之间。日照较强，水平太阳辐射照度近 8000W/m², 建筑物受到强力的温度波的作用，综合温度很高，外墙外表面的综合温度平均值在 34～39℃之间，屋面在 43～45℃，波幅尤其大，屋面综合温度波幅在 27.5～29℃之间，西墙在 21～23℃之间。表 1 为部分夏热冬冷地区建筑外围护结构综合温度波幅值（℃）。由这些数据可知：由于夏季受到强力的太阳辐射作用，与采暖地区建筑物相比，夏热冬冷地区建筑物受到更为强力的温度波的作用。

夏热冬冷地区除小范围试点的节能建筑之外，面广量大的一般建筑物墙体的主要构造形式有以下几种形式：1）240mm 黏土实心砖或多孔砖，外粉水泥砂浆，内粉石灰砂浆；2）混凝土空心砌块，内外粉水泥砂浆；3）加气混凝土砌块，内外粉水泥砂浆；4）180mm现浇混凝土墙体，外粉水泥砂浆，内粉石灰砂浆。其中，第1）种墙体构造形式占70%以上，近几年在上海等地区，其他几种形式也有了较多的使用。屋面通常为钢筋混凝土结构层上铺找坡、防水层，上设架空隔热板。对以上构造形式的计算表明，热惰性指标在2.3～3.7之间，对应传热系数K为3.2～0.9 W/($m^2 \cdot K$)。夏季自然通风条件下，外墙内表面的温度波幅在2～4℃之间，最高温度西墙37℃左右，屋面可高达40℃以上，远超出人居舒适度范围。90年代初期、后期及2000年的多次调查表明，住户普遍反映夏季室内有明显的"烘烤"感，顶层西套住户反映尤其强力。这与计算结果相互印证，说明夏热冬冷地区一般建筑物的热舒适度已远远不能满足居民的要求。

夏热冬冷地区部分城市综合温度波幅（℃） 表1

	上 海	南 京	武 汉	重 庆
南 墙	11.95	12.17	11.26	12.16
西 墙	22.21	22.66	21.69	22.95
北 墙	7.02	7.44	6.55	7.86
屋 面	27.93	28.94	27.51	28.99

注：计算时采用水泥屋面与墙面，即$\rho=0.7$。

针对夏热冬冷地区的气候特点，适当提高外围护结构的隔热能力，既能改善建筑物的居住舒适度，又可起到降低该地区建筑物内实际空调启用时间，提高节能效果的作用。因此，有必要对反映外围护结构隔热性能的热惰性指标D的合理取值进行探讨。

2. 公式推导

热惰性指标D是表征围护结构对温度波衰减快慢程度的无量纲指标。

对于单一材料围护结构：$D=RS$

对于多层材料围护结构：$D=\Sigma RS$ (1)

式中 R——围护结构材料层的热阻；

S——相应材料层的蓄热系数。

由《民用建筑热工设计规范》的热工设计计算公式可知，外围护结构内表面最高温度由下式计算：

$$\theta_{i.\max}=\theta_i (A_{tsa}/v_o+A_{ti}/v_i) \beta \tag{2}$$

式中　$\theta_{i.\max}$——外围护结构内表面最高温度（℃）

　　　θ_i——内表面平均温度（℃），由下式计算：

$$\theta_i=t_i+(t_{sa}-t_i)/(R_o\alpha_i),$$

在室外计算参数一定时，此值仅与外围护结构的传热阻有关。

　　　t_i——室内计算温度平均值（℃），

《民用建筑热工设计规范》规定为室外计算温度平均值加 1.5℃

　　　t_{sa}——室外综合温度平均值（℃）

　　　A_{tsa}——室外综合温度波幅（℃）

　　　A_{ti}——室内计算温度波幅（℃），

《民用建筑热工设计规范》规定为室外计算温度波幅减 1.5℃

　　　v_o——外围护结构衰减倍数，$v_o=D\times f(S,R)$

　　　$f(S,R)$——与 S、R 相关的计算常数

　　　v_i——室内空气到内表面的衰减倍数，为与 S、R 相关的计算常数

　　　β——室外综合温度波与室内计算温度波的相位修正系数

由（2）式可得：

$$D=\frac{A_{tsa}}{(\theta_{i.\max}-\theta_i)/\beta-A_{ti}/v_i}\times\frac{1}{f(S,R)} \tag{3}$$

由（3）式可知，当室外计算温度条件一定时，θ_i、A_{tsa}、A_{ti}、β 均为定值。对于不同的外围护结构的材料及构造，即 S、R，热惰性指标 D 值的选取取决于外围护结构内表面最高温度 $\theta_{i.\max}$。

《民用建筑热工设计规范》对围护结构的隔热设计作了明确的

规定，要求房间自然通风情况下，建筑物的顶层和东、西外墙的内表面最高温度应不高于夏季室外计算温度的最高值。即

$$\theta_{i.\max} \leqslant t_{e.\max} \qquad (4)$$

式中　$t_{e.\max}$——夏季室外计算温度最高值（℃）；

如按照夏季室外计算温度最高值来控制，夏热冬冷地区外围护结构内表面温度将高达 36～39℃，见表 2。通过红外热辐射的作用，高的内表面温度必然产生强烈的"烘烤"感，影响室内基本的日常生活。重庆的调查资料表明，在这样的建筑内，100%的人感到热，多数人感觉难受，夜不能寐。因此，夏热冬冷地区不宜统一按照夏季室外计算温度最高值来控制外围护结构内表面温度，而应有所降低。

夏热冬冷地区部分城市夏季室外计算温度最高值（℃）　表 2

城　市	上　海	南　京	武　汉	重　庆
温　度	36.1	37.1	36.9	38.9

从理论上分析，当外围护结构内表面最高温度墙面控制在 36℃以下，实际生活中，通过间歇通风方式（当白天室外气温高时，在保证室内卫生要求的前提下，尽量减少室内外通风换气，夜间室外气温低于室内时，强化通风）时，外围护结构内表面温度可控制在 35℃以下，基本消除"烘烤"感。江苏南京、苏州等地节能建筑试点实地检测与住户回访结果表明，当内表面最高温度低于以上值时，绝大多数住户感觉"冬暖夏凉"，相当满意。

综上分析，围护结构的热惰性指标的计算，可按房间自然通风情况下，建筑物东、西外墙的内表面最高温度应不高于 36℃计算，考虑到夏热冬冷地区屋面水平日照辐射强，屋顶内表面最高温度可适当放宽，但应不高于 36.5℃，即

$$\theta_{i.\max} = 36.0℃（墙体）$$
$$= 36.5℃（屋面） \qquad (5)$$

3. 热惰性指标 *D* 的计算

采用夏热冬冷地区常用的建筑材料和构造措施，将式（4）代

入式（3），计算得到夏热冬冷地区外围护结构按隔热要求的热惰性指标 D 与传热系数 K 的取值范围，见图1、图2。图中，系列1以武汉为背景的计算数据，系列2以南京为背景的计算数据，计算时 $\rho=0.7$。由图1可见，当墙体传热系数在 $1.0\sim1.5$ 之间时，对热惰性指标 D 值在 $2.4\sim3.0$ 之间。同样，由图2可见，当屋面传热系数在 $0.8\sim1.0$ 之间时，对热惰性指标 D 值在 $2.5\sim3.0$ 之间。考虑到实际设计时墙体 D 的较高值容易达到、墙体与屋面 ρ 值可能出现大于 0.7 等情况，并经简化，外围护结构的热惰性指标 D 的取值如表3所示。

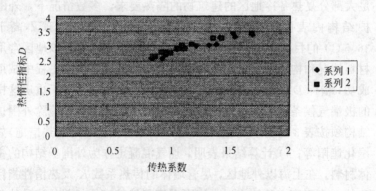

图1　墙体 $R-D$ 关系图

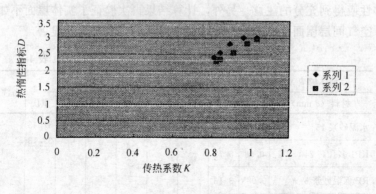

图2　屋面 $R-D$ 关系图

热惰性指标 D 的最小取值　　　　　　表 3

墙体	$1.0<K\leqslant1.5$	3.0
	$K\leqslant1.0$	2.5
屋面	$0.8<K\leqslant1.0$	3.0
	$K\leqslant0.8$	2.5

为了检验表 3 的数据在实际工程中是否可行，对部分常用的墙体和屋面的隔热设计实例进行了计算，结果见表 4-1、4-2。

由表 4 可见，1) 表 3 所列的热惰性指标 D 的取值基本可以满足大部分夏热冬冷地区的建筑物的隔热要求，多数情况下，外围护结构内表面最高温度基本实现不高于 36℃（屋顶不高于 36.5℃）的目标；2) 表中所列的材料与构造方式符合该地区常用材料情况和构造做法，且多数已在各地节能建筑试点工程中试用成功，指标 D 取值的实现不存在技术经济障碍；3) 对于重庆这样的极端气候条件，改善建筑物自然通风下的室内热环境除外围护结构须按表 3 的要求设计以外，还必须配合其他综合隔热措施，如绿化遮阳等；4) 计算结果表明，加气混凝土作为外围护结构的主体材料，在上海以外地区，尽管墙体的传热系数 K 及热惰性指标 D 均远高于表 3 的要求，内表面温度仍然偏高。材料的这种特殊性应得到充分的注意。另外，计算结果再次验证了实体屋面不如空气间层屋面隔热效果有效，通风屋面隔热效果最为显著。

墙体隔热计算　　　　　　表 4-1

墙体构造（由内到外）			K	D	$\theta_{i.\max}$				备注
材料（δ mm）	λ	S			上海	南京	武汉	重庆	
水泥砂浆 15	0.93	11.37	1.50	3.83	34.79	35.94	35.86	37.45 37.13	
KP1 多孔砖 240	0.58	0.72							
RE 保温砂浆 5	0.085	3.16							
水泥砂浆 15	0.93	11.37							

续表

墙体构造（由内到外）			K	D	$\theta_{i,max}$				备注
材料（δ mm）	λ	S			上海	南京	武汉	重庆	
水泥砂浆 10	0.93	11.37	1.50	3.38	35.19	36.35	36.09	37.76	
KM1 多孔砖 190	0.58	0.72			35.98	36.01		37.40	
RE 保温砂浆 13	0.085	3.16							
水泥砂浆 15	0.93	11.37							
水泥砂浆 30	0.93	11.37	0.89	2.60	35.52	36.21	36.26	37.73	
混凝土空心砌块 190	0.61	3.87			36.02	36.03		37.50	逐时计算
岩棉板 40	0.068	1.12							
水泥砂浆 30	0.93	11.37							
水泥砂浆 15	0.93	11.37	1.03	2.59	34.77	35.77	35.78	37.18	
混凝土 180	1.74	17.20						36.91	
挤塑聚苯板 16	0.022	0.52							
水泥砂浆 20	0.93	11.37							
水泥砂浆 20	0.93	11.37	0.87	3.10	35.42	36.71	36.41	38.22	
加气混凝土 180	0.19	2.76				36.44	36.37	37.97	
水泥砂浆 20	0.93	11.37							

屋面隔热计算　　　　　　　　表 4-2

屋面构造			K	D	$\theta_{i,max}$				备注
材料（δ mm）	λ	S			上海	南京	武汉	重庆	
混凝土板 30	1.74	17.20	0.99	3.10	35.80	36.76	36.82	38.16	倒置平屋面
砂垫层 20	0.58	8.26				36.20	36.31	37.62	
挤塑聚苯板 13	0.022	0.52							
卷材防水 5	0.17	3.33							
水泥焦渣 60	0.63	9.20							
钢筋混凝土 100	1.74	17.20							
水泥砂浆 20	0.93	11.37							

续表

屋面构造			K	D	$\theta_{i.max}$				备注
材料（δ mm）	λ	S			上海	南京	武汉	重庆	
卷材防水 10	0.17	3.33	0.98	3.34	36.49	37.46	37.44	38.91	一般平屋面
砂浆找平 10	0.93	11.37				<u>36.84</u>	<u>36.85</u>	<u>38.31</u>	
加气混凝土 125	0.19	2.76							
砂浆找平 10	0.93	11.37							
空心板 115	0.99	8.51							
水泥砂浆 10	0.93	11.37							
波形瓦 30	0.93	11.37	0.76	2.67	35.57	36.50	36.59	37.92	坡屋面
砂浆找平 25	0.93	11.37				<u>36.05</u>	<u>36.15</u>	<u>37.48</u>	
挤塑聚苯板 22	0.022	0.52							
砂浆找平 20	0.93	11.37							
钢筋混凝土 100	1.74	17.20							
水泥砂浆 20	0.93	11.37							
卷材防水 10	0.17	3.33	1.00	3.02	35.56	36.49	36.57	37.86	空气间层屋面 $\lambda=\dfrac{0.08}{0.15}$
砂浆找平 20	0.93	11.37					<u>36.09</u>	<u>37.40</u>	
混凝土板 30	1.74	17.20							
空气间层 80	0.53	0.00							
岩棉板 30	0.068	1.12							
水泥焦渣 60	0.63	9.20							
钢筋混凝土 80	1.74	17.20							
水泥砂浆 10	0.93	11.37							
混凝土架空板 30			0.99	3.33	33.56	34.43	34.58	35.81	通风屋面
通风空气间									
水泥砂浆 20	0.93	11.37							
卷材防水 10	0.17	3.33							
砂浆找平 20	0.93	11.37							
岩棉板 40	0.068	1.12							
水泥焦渣 60	0.63	9.20							
钢筋混凝土 100	1.74	17.20							
水泥砂浆 10	0.93	11.37							

注：$\rho=0.7$，带下划线时 $\rho=0.5$

4. 试点工程情况

根据江苏省自80年代年以来陆续建成的100余万m^2的试点节能建筑分析。墙体主要有粘土多孔砖复合保温砂浆、混凝土空心砌块或轻质砌块复合聚苯板、钢筋混凝土墙体外复保温材料等构造方法，其中以黏土多孔砖为基材的墙体仍占绝大多数。传热阻在$0.63\sim0.81m^2K/W$，热惰性指标D在$2.2\sim4.2$之间。屋面多采用倒置式屋面、坡屋面，少数地区也采用挂瓦屋面，传热阻在$1.0\sim1.34m^2K/W$，热惰性指标D在$1.8\sim4.5$之间。基本达到或接近表3的数值范围。

现场的热工测试数据表明：当传热阻满足节能要求，热惰性指标D取大值时，内表面温度较低，D取小值时，内表面温度较高，接近室外计算温度最高值。

由此可见，执行表3的热惰性指标要求值在实际工程中是可以达到的；按此要求设计的建筑物将具有较高的热舒适度。

5. 小结

理论计算、实际构造分析及工程试点经验表明：在夏热冬冷地区采用表3所示的热惰性指标D的取值是合理的。

另外，对于重庆地区，外围护结构的隔热应与其他措施结合使用，以提高建筑物的热舒适度；对于上海以外地区，应慎用轻质加气混凝土砌块作为外围护结构的主要隔热材料。

参 考 文 献

[1] 中华人民共和国国家标准《民用建筑热工设计规范》GB 50176—93；
[2] 上海市地方标准《上海市住宅建筑节能设计标准》(送审稿)；
[3] 江苏省地方标准《江苏省民用建筑热环境与节能设计、验收规程》(送审稿)；
[4] 武汉市地方标准《上海市居住建筑节能设计技术规定》WBJ—1—9—2000；
[5] 重庆市地方标准《重庆市民用建筑热环境与节能设计标准》(居住建筑部分) DB 50/5009—1999；

[6] 《建筑节能检测技术的研究与应用》,江苏省建筑科学研究院,1998;
[7] 《江苏地区建筑节能外墙与屋顶构造参考图》,东南大学建筑系,2000。
[8] 节能建筑检测报告,江苏省建筑工程质量检测中心,1997~2000。

许锦峰 江苏省建筑科学研究院 副总工程师
邮编:210008

夏热冬暖地区空调室内空气品质的改善与节能

聂玉强　冀兆良

【摘要】 本文通过分析中央空调的使用,给大楼造成病态建筑的原因,说明目前公共建筑空调系统还难以做到节能、舒适、健康,提出利用室外空气焓值来调节中央空调系统的运行、结合监测实例,说明这种方法简单、健康、节能。

关键词： 健康　节能　空气品质　空气焓值

一、建筑空调应追求节能、舒适、健康

1.1 广州地区空调能耗现状

近年来,广东上下对能源节约的重视程度,已经到了前所未有地步。尽管广东目前发电装机容量达 3300 万 kW,位于全国各省市之首,除常规火力、水力发电厂外,还拥有像大亚湾核电厂、广东抽水蓄能电站等先进大型的发电厂,但每年秋、夏季节,广东各地用电仍频频告急。2001 年一过 6 月,全省用电负荷创历史纪录,达 1417 万 kW,系统缺电 130 万 kW,被迫对 20 个城市采取限电措施。每到炎热季节 6～9 月份,是整个广东用电高峰期,用电量非常之大,究其原因,除经济增长因素外,就是这一季节大量使用空调,空调能耗过高"惹的祸"。

广东地处亚热带,每年盛夏季节,气候异常炎热。随着经济发展,大量建筑如综合性商住楼、商场、宾馆以及工厂车间等都安装使用了中央空调系统。以用电负荷累计,广东目前全省空调

装机容量已突破300万kW，并以每年30％的速度递增。在用电高峰季节，仅空调耗电量约占全省用电量的37％，因此，为了创造一个舒适的室内环境，能源的耗费是巨大的。但是，这种能源的巨大利用，是否真正给人们带来了舒适、健康的热环境呢？

1.2 空调系统运行造成了"大楼综合症"

诚然，通过空调系统的运行，室内温度可以控制，给人们创造了凉爽舒适的室内工作环境。但是，人们长时间工作在这样一个封闭建筑的室内热环境里，就会使呼吸道系统和眼睛受到刺激，使人感到胸闷、头痛、乏力精神恍惚、鼻孔堵塞、目赤喉燥。这样的一种建筑物已成为所谓的"病态建筑"，即"大楼综合症"。据1992年美国研究协会的一份报告称"大楼综合症"每年使国家损失高达600亿美元[1]。

显然，这样建立起来的室内热环境，尽管能耗很大，但它并没有使室内工作人员感到满意。据同济大学等上海一些单位曾联合抽样调查了四幢综合性商住楼，经测定，尽管室内空气品质（IAQ）主要指标没有超标，但大楼职员对室内环境不满意程度平均已超过42％[2]。因此，目前各种用途的建筑大楼所安装的中央空调系统，尽管花费了大笔的设备投资费用以及运行的高能耗费用，以期建立舒适的室内热环境，从而提高建筑物的档次，但由于没有良好的空气品质，以致相当一部分成为"病态建筑"，严重影响了室内工作人员的身心健康。

二、空调室内空气品质存在的问题

为什么中央空调的使用，会引起建筑物内空气品质的恶化呢？究其原因，有如下四个方面。

2.1 设计上

目前绝大部分建筑物配置的中央空调系统，其空调方式可分为全空气集中式空调系统和风机盘管加新风空调系统两种。这两种系统往往因新风量不足而引起室内空气品质的下降。

2.1.1 全空气系统

该系统是指室外新风与回风混合，经热湿处理，然后送往各空调区域。在好些已建成空调项目中，空气混合送风中新风量的确定是按最小新风量来设计，相应地，新风口、新风管也按最小新风量来设计。这样，对新鲜空气量的要求就无法调整，在过渡季节阴雨天气，在室外空气焓值较低或室外空气参数为室内设计空气参数允许范围内波动时，也难以采取直流系统来控制。

2.1.2 风机盘管加新风系统

尽管新风单独处理，送往各空调房间，但整个送风系统仍按室内要求的最小新风量来设计，风量大小不能调节，而采用这种空调方式的建筑大多数是综合性商办楼。其后者特点是空调房间众多、大小不一，要想把整个新风系统送风量按房间人数的多少均匀地送到每个房间，是难以做到的。这样，送风量相对较小的房间，人均新风量难以满足要求，同样，无法采取直流式系统运行。

2.2 送风系统设施上

由于露点送风，整条风道在系统运行时湿度很高，终日潮湿，不见阳光，在风道弯管段、死角及凹凸不平处，还可能积灰，这种地方最适合微生物的生存与繁殖，这些微生物尤其是真菌能直接导致产生过敏反应。暗藏在顶棚上面的风机盘管滴水盘，由于终日存水，阴暗潮湿，也是滋生与繁殖微生物的好地方。因此，每天清晨上班，空调系统刚运行时，从送风口送来的不是一股清新的空气，而是短暂的恶臭，这是送风系统严重污染的结果。据挪威科技大学（NTNU）和工业科学研究会（SINTEF）能源与卫生部门的专家对大量通风系统的检测，得出的结论是：从通风系统送出的空气可能已经被污染到能够危害人们身体健康的程度[3]。

2.3 室内装潢及现代办设备使用上

2.3.1 室内装潢

安装中央空调系统的建筑物，大都档次不低，经过了一番室内装潢，尤其是民用建筑，装潢豪华，档次高。这样的室内装饰，不可避免地使用含毒的有机溶剂，如甲醛、苯等有机物，这些有机物不断地释放出有害气体，恶化室内环境，造成空气品质下降。

2.3.2 现代办设备使用上

现代办公设备，尤其是静电复印机，在使用时产生臭氧，通过复印机排风口排出，散发在工作室内。由于臭氧密度为空气密度的确良1.65倍，故常集中在工作室下层空间，且不易流动，使室内工作人员常有头昏、疲倦等症状。

2.4 空调系统的运行管理上

现代建筑中央空调系统，无论从设计还是运行使用，都追求室内空间封闭性。空调运行期间，建筑物内密不透风，室内空气90%以上时间都与室外环境相隔绝，室内各种气味难以排出室外。譬如综合性商业办公楼，早上一上班，由于照明设备及人体散热，使室温度骤然上升，这样自然就要求空调供冷。而一旦开始送冷气，由于担心冷量流失，就关闭门窗。所以在炎热季节，只要一上班，便关门闭户，运行空调系统一直维持到下午下班。这一期间，清晨从送风系统排出的污臭空气未能及时排往室外。办公调设备、装饰材料溶剂等释放有害气体留在室内，人体散发的杂味及一整天呼出CO_2，以及昨日下班因关门窗而残存的室内有害气体，都在不断地恶化室内空气品质。而按最小新风比 $m\%$ 送来的室外新风，是不足于稀释这样一个空气环境，由新风系统送风产生的微正压，更难以将室内污染气体全排出室外。整个时间，职员就是工作在这样一个环境里，呼吸着室内被污染的空气。

由于室内空气品质的下降，不像温湿度的变化，那样明显地影响室内环境舒适性，容易为人们所感觉。它是通过呼吸器官，缓慢地入侵到人体体内，影响职员工作效率，破坏职员的身心健康。因此，巨资构筑、高效运作的"病态建筑"，不但没给我们营造出一种健康、舒适的工作环境，反而对我们构成了一种可怕的威胁。尽管它没有危险性，却具有破坏性。西方国家目前每年由于"建筑综合症"引起的损失，高达数百亿美元，就是一个很好的见证。由于中央空调在我国的普遍使用，也就是近一、二十年的事情，但职员得了"空调病"的案例，却时有发生。随着我国现代化步伐的加快，空调事业蓬勃发展。对这一问题若不引起足够的关注，那么我们工作环境产生的威胁，也就为期不远了。

三、问题解决方案

"病态建筑"形成的根本原因是自身封闭性，以及室内新风量相对不足。若根据室外空气焓值的变化来设计、运行、调节空调系统，这样就既满足热环境舒适性要求，降低运行能耗，又改善室内空气品质，满足人体健康的要求。

3.1 夏季空调系统处理过程

夏季按室外空气状态参数，分两种情况进行处理。

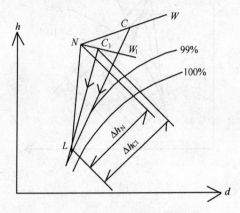

图1

3.1.1 当室外空气焓值 h_W 大于室内空气焓值 h_N 时

∵ $h_W > h_N$

$h_{C_1} > h_N$

∴ $h_{C_1} - h_L > h_N - h_L$ 即 $\Delta h_{C_1} > \Delta h_N$

式中 W、W_1——分别为室外空气设计状态点、任一状态点；

C、C_1——分别为设计混合状态点、任一混合状态点；

N——室内空气设计状态点；

L——机器露点。

在这种工况下，若增大回风，则混合点 C_1 往室内状态点 N 靠，空调机组处理焓差 $\Delta h_{C_1} = h_{C_1} - h_L$ 相应降低。因此，为了节能，只能增大回风，降低新风，采用最小新风比来运行。

3.1.2 当室外空气焓值 h_W 小于室内空气值 h_N 时

∵ $h_{W1} < h_N$

　$h_{W1} < h_{C1}$

　$h_{W1} - h_L < h_{C1} - h_L$

∴ $\Delta h_{W1} < \Delta h_{C1}$

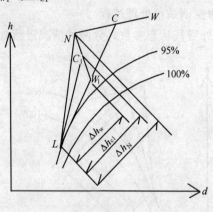

图 2

由图可知,全新风耗冷量 Δh_{W1} 将小于混合风 Δh_{C1} 耗冷量,在这种情况下,采取直流式系统,能耗最低,有利于系统节能。

目前档次较高的建筑物,都有较大的窗墙比,外窗面积较大,在 $h_W > h_N$ 时,若全部打开窗户,同时采取100%送新风,强制对流,不断把室内空气通过窗户排往室外。这样,不但可以利用室外较低的空气焓值,还能及时地将室内设备及人体各种散热带出室外,维持室内较为舒适的热环境。

由于全部输入室新风,对外排出室内回风,这样不仅保持室内空气清新、卫生,能最大限度地把室内有害气体排出室外,同时,由于只运行送风系统,冷源及水系统处于关闭状态,而风机能耗一般仅为整个空调系统能耗的20%~25%。因此,采取直流式系统不仅能改善室内空气品质,而且运行能耗大大降低。

3.2 室外空气参数 i_W 小于室内空气参数 i_N 的时间

除过渡性季节，广州地区盛夏季节（6～9月）在白天上班时间段内，$h_W<h_N$ 的时间并不短。主要发生在上午 8：00～9：00 时间段以及阴雨天气。查阅广州地区标准年室外空气焓频图[4]得知：①整个夏季，上午 8：00～9：00 时间段内，$h_W<h_N$ 的累计时间占该时间段的 74%；②整个夏季，白天 $h_W<h_N$ 的累计时间占该时间段的 15%～20%，这是由于该地区为海洋性气候，夏季每热一段时间，就将伴随台风到来，接着就风雨天气，气温骤降。如此呈周期性变化。

3.3 系统运行的调整

3.3.1 上午 8：00～9：00 时间段：

上午刚上班，打开新风关闭回风，采取直流式系统。这样，既可以通过强制送风，把昨日室内残气以及刚运行风机时从风管送出的短暂污臭空气排往室外，也可以利用大量新风将整个送风系统风管全面"洗涤"、"风干"，以减少风道霉菌的积存与滋生。在室外气温上升后，再关闭窗户，开放冷源，采取全空气系统运行。

3.3.2 阴雨天气的运行，全天 i_W 小于 i_N

打开窗户，全天采取直流式系统运行。事实上，每隔一段时间，采取全天直流式系统运行后，不仅整幢建筑物室内空气品质得到改善，整个送风系统的污染，也能得到很好的控制与消除。与整个夏季全空气系统运行相比，这种间歇式、有调节的系统运行，不仅有利于系统节能，更能改善整幢大楼的室内空气品质。使空调系统的运行真正做到既卫生又节能，较好地消除"病态建筑"给室内工作人员带来的"空调病"。

3.4 系统设施的改正

3.4.1 全空气集中式系统

目前无论工业，还是民用建筑，相当一部分新风系统是按最小新风量来设计的，新风口、新风入口管相当小，过渡季节或阴雨天气 $h_W<h_N$ 时，无法实现直流式系统送风。因此，新风系统应按总风量来设计，新风口入口段相应地扩大，以利用两种运行方式之间的切换。

3.4.2 风机盘管加新风系统

这种系统较大缺点之一是只能按最小新风比 $m\%$ 来运行,新风量大小没法调节,更不可能采取直流式系统运行。新风量不定,各种有害气体难以排出室外,是导致室内空气品质恶化的主要原因之一。

若将新风系统送风机改为双速风机,风量为总送风量与最小送风量两档调节,在室外气象参数 $h_W<h_N$ 时,风机按总送风量运行;$h_W>h_N$ 时,风机按最小送风量来运行,风管在走廊过道及其他建筑空间允许情况下,尽量按总送风量来设计。那么,根据室外气象参数地不同,空调系统的运行可以在全空气系统与直流式系统之间切换。

四、系统项目测试

针对目前空调系统运行能耗过高,室内空气品质恶化等现状,曾引起佛山市节能中心领导关注。近几年来,组织技术力量对其中正在运行的十几个空调系统工程进行系统测试,并提出相应整改措施。下面介绍的佛山市商务大楼其中一例:

4.1 概况:该楼建筑面积 $7900m^2$,共 14 层,除一楼大堂、营业厅外,其余为办公室、会议室、资料档案室,同时使用系数 0.7,其标准层布置示意如图 3 所示。

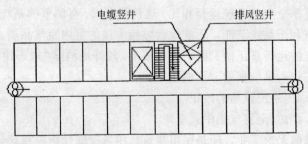

图 3

4.2 空调系统布置:主机采用风冷式冷水机组 SJC-20,共八台,并联方式联结,放置在楼顶屋面,在机组上面,安装了锌瓦防雨篷。因市容建设需要，屋面四周以 3.5m 高女儿墙围起，每台机组自带水泵，功率为 3kW。空调方式为半集中式空调系统，总排风机安装在立面竖井之上，把过道及室内空气通过竖井排往楼顶外面，由于初建时未考虑上中央空调，故层高较低，主梁太大，无法布置新风系统。

4.3 存在问题

该楼建成使用近四年，发现存在以下问题：

①系统运行能耗高，夏季每月仅空调耗电量达 54000kWh。

②室内空气品质差，职员感到胸闷、恶心、整幢建筑物内有异味。

4.4 经测试，发现如下问题

①小型风冷机组制冷效率 COP 仅为 2.1～2.6，且天气越热，室外气温越高，COP 越低；

②为机组设置的锌瓦篷距楼面高度太低，机组排出热风未能及时被带走，在机组四周形成热岛，中心温度经过测定，高达 43℃；

③排风机工作效率不佳，经测定，排风量 $G=13000 m^3/h$，远未达到铭牌额定风量，严重偏离工作状态点，是由于风道长、风压高所致；

④机组运行时间长，管理不善：

该单位空调运行由电工操作，无正式空调工，未能根据室外气象状况来调节机组运行。夏天一上班，便开空调系统，一直运行到下班再关停，机组长时间运行。

由于一上班就开始送冷气，各办公室担心冷量跑失，便关闭门窗，使得室内各种有害气体无法排出室外，又无新风输入，只靠门窗缝隙渗风，致使室内空气品质不断恶化，一些办公室常出现一边送冷风，一边开外窗的现象。

4.5 整改措施：

①女儿墙东西两面斜对角开孔安装轴流风机，风量为机组总排风量的 1/2；

②对锌瓦篷结构不作太大改动，将篷面由"人"字形改为"天井"型，如图4所示，以利于热风跑逸；

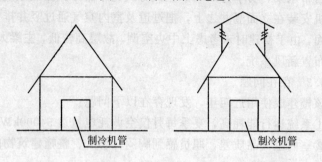

图4

③每层过道两侧，各装轴流风机一台，在送冷期间，室内空气从门板下侧面百叶窗口通过过道，排往室外，强制换气；

④每天刚上班一段时间里，打开门窗，运行盘管风机送风（冷水机组此时不开），让室内空气从门、过道排往室外，室外空气则通过外窗，及时补充室内，强化换气，达到室内空气清新的目的；

⑤阴雨天气，室外气温较低时，全天关闭主机，开门窗，运行盘管风机，各层轴流风机，对风管进行"洗涤""风干"，对室内空气强制换气。

整改后，运行效率明显，经测试对比，节能约25％，室内空气品质得到明显改善。

五、总结

现代建筑因空调系统的使用引起室内空气品质恶化，损害人体健康的问题，已引起许多国家的重视，近年来在我国也得到相当关注，但目前对这一问题还没有很好的解决途径，本文根据南方地区海洋性气候，夏季室外气温多变的特点，提出利用室外空气焓值来调节中央空调的运行，不但可以节约运行能耗，而且使室内空气品质得到很好的改善。实践证明，这不失为一种较简单而有效的方法。

参 考 文 献

[1] 郑文：白领健康的杀手——大楼综合症，科学时报，2000.5.27.
[2] 沈晋明：室内污染物与空气品质评价，通风除尘，1995.4.
[3] 叶晓江：浅谈影响旅馆客房空气品质的一些因素，通风除尘，1997.4.
[4] 广东省气象局：广州地区标准年室外空气焓频图，1998.

聂玉强　佛山市能源利用监测中心　工程师　邮编：528000

吸湿相变材料在建筑围护结构中的应用

冯 雅　刘才丰

【摘要】 吸湿相变材料在建筑围护结构中的应用是近年来世界各国研究中的新热点,其开发应用对节约能源,可再生能源的利用,维持生态环境的可持续发展有极其重要的意义。本文通过对氯化钙的吸湿性质和低温相变特性的分析,对有关氯化钙作为吸湿相变材料在建筑围护结构中的应用,改善建筑物室内热环境、提高室内舒适度等方面所进行的一些相关工作进行介绍。

关键词:氯化钙　吸湿材料　相变材料　除湿　隔热

吸湿相变材料在建筑围护结构中的应用研究,对于建筑材料的物理性能和建筑围护结构保温隔热性能的应用具有非常重要的意义。氯化钙作为吸湿相变材料、价格便宜以及具有凝固点低、吸湿性强、易潮解、低温相变等性质在工业中获得了大量的应用。但在建筑工程中过去常见的是利用氯化钙能加速混凝土的硬化、缩短固化时间并增加砂浆的耐寒能力的特性用作水泥施工的硬化剂。结合建筑物所处自然气候条件,充分利用氯化钙的吸湿性质及相变特性制造一些建筑材料应用于建筑围护结构,可以实现对室外太阳辐射的转化和控制、降低室内空气温度和湿度、改善建筑室内热环境,达到节约能源、再生能源的利用和实现可持续发展的目的。本文对氯化钙的一些性质及其在改善建筑热环境和提高建筑舒适性中的应用研究情况作一介绍,以供大家参考。

一、吸湿性质的应用

1. 吸湿性质

氯化钙的吸湿性很强,可形成四种稳定的水合物,即 $CaCl_2 \cdot H_2O$、$CaCl_2 \cdot 2H_2O$、$CaCl_2 \cdot 4H_2O$（α、β、γ 型）和 $CaCl_2 \cdot 6H_2O$。图 1 是氯化钙/水系统在 $P=1\text{atm}$ 时的相图。

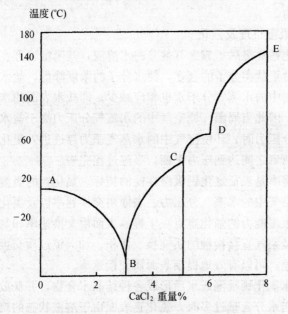

图 1 氯化钙/水系统在 1atm 总压时相图

图中的稳定平衡点是：

A 点：固态水和 $CaCl_2 \cdot 6H_2O$ 的平衡点,氯化钙重量百分比含量为 29.9%。

B 点：$CaCl_2 \cdot 6H_2O$ 和 $CaCl_2 \cdot 4H_2O$ 的平衡点,氯化钙重量百分比含量为 50.1%。

C 点：$CaCl_2 \cdot 4H_2O$ 和 $CaCl_2 \cdot 2H_2O$ 的平衡点,氯化钙重量百分比含量为 56.6%。

D 点：$CaCl_2 \cdot 2H_2O$ 和 $CaCl_2 \cdot H_2O$ 的平衡点,氯化钙重量百分比含量为 74.8%。

E 点：$CaCl_2 \cdot H_2O$ 和无水 $CaCl_2$ 的平衡点，氯化钙重量百分比含量为 77.6%。

图中，ABCDE 线以上区域为液态区（$CaCl_2$ 水溶液），ABF 区为固态水和 $CaCl_2$ 水溶液共存区，BCH 区 $CaCl_2 \cdot 6H_2O$ 和 $CaCl_2$ 为水溶液共存区，FBH 线以下为固态水和结晶 $CaCl_2 \cdot 6H_2O$ 的机械混合物。

2. 吸湿机理及强化

氯化钙吸湿后形成含有盐分的水溶液，其吸湿机理在于：水溶液中由于盐类分子的存在，使水分子的浓度降低，盐水表面饱和空气层中的水蒸气分子水也相应减少，即盐水表面的水蒸气压力降低，因此当周围环境空气中的水蒸气分压力高于盐水表面的水蒸气分压力时，环境空气中的水蒸气压力渗透进入氯化钙溶液中直至两者之间达到压力平衡，吸湿过程完毕。

吸湿率是表征氯化钙吸湿性能的指标。氯化钙的吸湿率主要取决于空气中的水蒸气分压力、表面质交换速率以及氯化钙的表面积，吸湿能力的强化重点在于提高表面质交换速率和氯化钙与周围环境空气直接接触的质交换表面积。加大掠过质交换表面的空气流速，可以有效地提高表面质交换速率。

无水氯化钙吸湿或水后形成各种结晶水合物，并释放较多的热量。当水分含量过多时，氯化钙表面由于溶液状态的聚集阻碍了氯化钙与周围环境空气中水蒸气之间的质交换过程，即氯化钙与周围水蒸气的接触表面积减小，为保持其吸湿速度快、价格低廉的优点，而又防止液体出现，可以一些多孔材料如分子筛、硅酸钙、铝酸钙、膨胀珍珠岩等为基体形成复合多孔吸湿材料。

3. 吸湿性质在建筑围护结构中的应用研究

利用氯化钙的吸湿性质作为除湿介质，在工业中有较多应用，但将其应用于建筑围护结构实现除湿功能的研究还较少。在建筑围护结构中应用，是利用夜间含氯化钙的除湿体对室内空气吸湿，降低室内空气相对湿度，提高室内舒适度；白天除湿材料接受太阳光的直接照射，水蒸气扩散进入室外大气环境中，完成除湿体的脱湿再生过程。由于夏季昼夜之间空气相对湿度变化较大,白天气温高、空气相对湿度低,室内一般不需除湿,夜间随着室外空气温度的降低,室外空气相对湿度越来越高,由于围护结构的空气渗透,室内空气相对湿度也相应变高,此时除湿能有效地提高室内舒适度,因此被动除湿尤其适用于夏季。

实测研究表明,采用被动除湿材料的实验房间室内空气相对湿度在 50%～60% 之间波动,室内湿环境达到一定的舒适性;而作为对比用的房间内空气相对湿度在 80% 上下波动。实验房间的室内空气温度较对比房间有 0.5 左右的温差,由于相对湿度的下降大大抵消了室内温度的微幅升高,致使室内热环境舒适度得到了提高。

二、低温相变特性的应用

1. 低温相变特性的机理

氯化钙的低温相变特性是通过浸渍到母材基体空隙中的有化学活性并直接用来蓄热的氯化钙水合物中结晶水的得失来实现的。

氯化钙水合物蓄热循环中有如下脱水反应:

$CaCl_2 \cdot 6H_2O \rightarrow \alpha$ 型 $CaCl_2 \cdot 4H_2O + 2H_2O$(液态)$+45.1 kJ/mol$

$CaCl_2 \cdot 6H_2O \rightarrow \beta$ 型 $CaCl_2 \cdot 4H_2O + 2H_2O$(液态)$+43.5 kJ/mol$

$CaCl_2 \cdot 6H_2O \rightarrow \gamma$ 型 $CaCl_2 \cdot 4H_2O + 2H_2O$(液态)$+29.3 kJ/mol$

α 型 $CaCl_2 \cdot 4H_2O \rightarrow CaCl_2 \cdot 2H_2O + 2H_2O$(液态)$+36.0 kJ/mol$

$CaCl_2 \cdot 2H_2O \rightarrow CaCl_2 \cdot H_2O + H_2O$(液态)$+8.4 kJ/mol$

$CaCl_2 \cdot H_2O \rightarrow CaCl_2 + H_2O$(液态)$+15.0 kJ/mol$

$CaCl_2 \cdot 6H_2O$ 完全脱水的总反应方程式:

$CaCl_2 \cdot 6H_2O \rightarrow CaCl_2 + 6H_2O$(液态)$+98.6 kJ/mol$

可以计算出,按照上式进行的反应中,$1g CaCl_2 \cdot 6H_2O$ 的标准焓变为 890J。若加上液态水的蒸发热,储存的总焓可达 3050J。

2. 低温相变特性在建筑围护结构中的应用研究

氯化钙是人们较早接触和加以研究的相变材料,尽管具有较高的潜热与良好的导热性,但却易发生相分离和过冷现象,对此各国学者进行了大量的研究工作并提出了相应的许多措施[3]：防止过冷的主要措施是加入成核剂，如在六水氯化钙中加入少量八水氢氧化锶 Sr(OH)$_2$·8H$_2$O，也可添加氢氧化钡。以氯化钡为成核剂，将六水氯化钙灌入密封的水泥砖和水泥瓦作为建筑物构件。以 60％重量百分比的 CaCl$_2$·6H$_2$O 和以尿烷煤焦油封接剂做成的轻质水泥砖可用于被动式太阳能采暖系统中的贮热厚墙。用聚酯作封接剂，重量百分比为 80％的 CaCl$_2$·6H$_2$O 的泡沫水泥瓦可用作天花板以保持舒适的温度；添加 6％重量百分比的饱和氯化钠溶液，熔点有所下降，并在 19～25℃范围内变动。上述砖、瓦在经历了 1000 次熔解-冻结循环后其热性能和化学性能都还保持比较稳定。

氯化钙尽管具有相变潜力大、价格便宜等优点，但由于其较强的吸湿性以及对金属材料的腐蚀作用，人们在 80 年代后期就放弃了对这种相变蓄热材料的应用研究。

三、吸湿性与低温相变特性的结合应用研究

我国夏热冬冷地区夏季气候炎热、昼夜空气相对湿度变化大（实测表明白天最低为 55％、夜间最高可达 85％以上），太阳辐射强烈，利用物质的相变特性进行建筑围护结构的设计，能有效控制太阳辐射和室外空气温度对室内热环境的作用，我们提出了以氯化钙为主要隔热功能材料的吸湿被动蒸发冷却屋面隔热技术方案，如图 2 所示。

吸湿被动蒸发屋面隔热技术是利用吸湿剂（氯化钙）蓄热与湿度控制以及屋面隔热措施相结合的"综合湿—能控制"隔热方案，具体而言就是利用吸湿剂作为蓄热材料，蓄热与蓄冷可通过吸—放湿过程实现，其实质是利用水的液—气和氯化钙结晶化合物的双重相变蓄热。白天吸湿多孔材料脱湿蒸发蓄热、夜间吸湿放热再生实现循环利用的目的。

由于膨胀珍珠岩具有质轻、导热系数小、保温隔热能力强、吸水性能强、价格便宜等优点，故选用膨胀珍珠岩作为吸湿多孔材料的基体。根据对吸湿性质的分析讨论可知，基体吸湿性能强，材

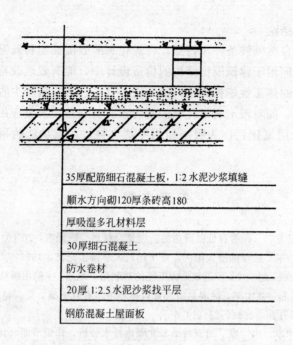

| 35厚配筋细石混凝土板，1:2 水泥沙浆填缝 |
| 顺水方向砌120厚条砖高180 |
| 厚吸湿多孔材料层 |
| 30厚细石混凝土 |
| 防水卷材 |
| 20厚 1:2.5 水泥沙浆找平层 |
| 钢筋混凝土屋面板 |

图 2 吸湿被动蒸发隔热层面构造图

料表面不易积聚溶液，可以强化质交换能力，同时由于膨胀珍珠岩自身的低导热性也有利于建筑围护结构的保温隔热能力。

表 1 是对吸湿被动蒸发隔热屋面隔热效果的对比实测值。表中的一般隔热屋面是指保温隔热层由无氯化钙的憎水性膨胀珍珠岩构成、而屋面整个构造与吸湿被动蒸发屋顶完全相同的屋顶形式。结果证实吸湿被动蒸发隔热屋面的隔热效果良好。

夏季隔热实测温度数据比较分析（℃）　　　表1

名　称	室外空气温度		室内空气温度		屋顶内表面温度	
	平均值	最大值	平均值	最大值	平均值	最大值
被动吸湿屋顶	30.96	35.8	31.73	32.2	32.01	33.84
一般隔热屋顶			32.58	32.9	33.10	35.55

四、结论

根据自然气候条件和特点,将氯化钙的吸湿性能和低温相变特性充分应用于建筑围护结构的构造设计中,能有效地改善建筑围护结构的热工性能提高室内舒适度,这是一条投资较少收效显著的途径,而对浸泡有氯化钙的复合多孔材料性质及其应用研究将成为今后氯化钙作为吸湿和相变蓄热材料双重功能的研究重点。

参考文献

[1] 冒东奎. 一种蓄存低温潜热的新型复合材料. 新能源, 20 (6), 1998
[2] 卢 军. 被动除湿太阳房, 重庆建筑大学博士论文, 1999
[3] 项立成, 赵玉文, 罗运俊. 太阳能的热利用. 北京: 宇航出版社, 1990
[4] 冯 雅, 刘才丰. 除湿是解决室内热环境的有效措施. 重庆建筑大学学报 [J], 2001, 23 (1) 6~9
[5] 刘才丰, 冯 雅. 屋面被动蒸发隔热技术分析, 建筑节能 (34). 北京: 中国建筑工业出版社, 2001
[6] 刘才丰, 冯 雅. 建筑围护结构多孔材料两相湿度场理论模型研究, 中国建筑学会建筑物理分会第八届年会学术论文集. 天津, 2000, PP148~153
[7] 刘才丰, 冯 雅. 吸湿被动蒸发冷却通风屋面构造方案与隔热性能实测研究, 中国建筑学会建筑物理分会第八届年会学术论文集. 天津, 2000, PP154~158
[8] 卢 军, 冯 雅. 含湿多孔介质热湿迁移特性研究. 重庆建筑大学学报 [J], 2000, 22 (4) 83~86

冯 雅 中国建筑西南设计研究院 高级工程师
邮编:610081

国外建筑节能

加拿大的能耗统计调查方法与实践

建设部科技司赴加能耗统计考察团

此次加拿大之行,获得了该国有关住宅能耗调查的相关资料,了解了该国在全国性住宅能耗调查方面所做的一些工作。

加拿大是一个能源丰富的国家,属能源净出口国,但她仍十分重视节能工作,除了希望尽可能节省其所拥有的不可再生能源外,尽量减少一次能源燃烧所带来的环境污染也是重要的因素。

加拿大对建筑能耗进行较大规模的统计与调查始于1993年,并于1997年再次进行。其统计与调查对象是住宅中的单体建筑(每个家庭自己所拥有的独立建筑),该类建筑在加拿大约占60%。

该统计与调查工作由加拿大国家自然资源部负责,国家统计局配合工作。加拿大国家资源部下设节能办公室,共有工作人员220人,其中15人参与了该项目的工作。1993年的统计与调查工作耗时1年半,耗资120万加元。

1997年的住宅能耗统计与调查是作为统计局1993年2月调查的补充。调查的目标人口由加拿大所有住户组成(除了Yukon及西北地区)。目的是通过此次住宅能耗调查获得一些具体信息以丰富国家能耗数据库的住宅部分的数据,通过调查获得了以下具体信息:影响围护结构气密性的住宅的特点;供热设备及其所耗燃料;制冷设备;热水设备;主要耗能设备的特征;供热、供冷设备的使用情况。

另外,有两组数据将作为此次调查结果的补充。一组数据是由样本住户所提供的用能设备平均能耗数据;第二组数据是由被调查住户为其用能设备每年所耗费的电、天然气、采暖用油所支付的费用。

该统计与调查所做的工作有：（1）确定所需的数据；（2）数据收集；（3）数据分析；（4）调查报告；工作中的（1）、（2）、（4）项由资源部负责，（3）项由统计局负责。

（1）确定所需的数据。该统计与调查的目的是住宅的末端能耗，因此确定了较为详细的调查数据。主要包括采暖、空调、热水供应、设备和照明几方面：

（2）数据收集。此次住宅能耗调查是对统计局调查样本中住宅这一样本进行的，因此调查样本与统计局的样本紧密相关。加拿大共有人口约3000万，家庭约1200万户。统计局每月的住户调查的样本是来自加拿大10个省15岁及以上居民（不包括Yukon,西北部人口及现役加拿大军人及慈善机构收养的人,他们占人口数量的2%），共进行50000户的调查。

调查样本的设计原则各省都相同。统计局采用多阶段的样本设计。在样本设计的每个阶段，都采用较可行的抽样技术来确保样本的随机性而且能够代表被调查人群的特征。每个省的调查区域都是由经济结构相似的经济区域构成。每个区域被分成自我代表性，非自我代表性及特殊性三种住宅区。

自我代表性的住宅区指城市的中心区域；

非自我代表性的住宅区位于有自我代表性区域的边缘；

有特殊性的住宅区包括军队驻地、医院，其他机构和遥远地区。

前两者作为初次抽样地区，这些地区调查人员可较方便地进行调查。被选择的初次抽样地区还要被进一步划分出住宅群，它们对应着具体的街区，街区中样本住宅被一一列举出来。统计局对这些样本住宅中的15岁以上的居民进行调查，获取信息数据。

本次住宅能耗调查使用了1993年2月统计局劳动力调查人群，调查户数为15 182户，为了提高调查的反馈率，数据收集工作要进行2周，在正式收集数据的前一周，住户会收到信件帮助他们为调查工作做准备。为了进一步获得较好的数据信息，调查员会登门调查而不是通过电话调查。根据统计局的调查反映情况，住宅能耗调查表会发放给对其用能设备或住所较为了解的住户。

当一些用户拒绝配合调查时，当局会寄信给他们强调调查的重要性以及住户配合的积极意义。接下来的调查会安排在被访住户较方便的时间进行。实际上，总有一小部分被访住户不配合调查，调查的反馈率为 72.3%。也就是说住宅能耗调查对 10982 个住户进行了有效调查。

加拿大统计局雇佣兼职调查员，并对其进行专门培训。调查员到每个样本住宅去获得所要求的劳动力信息，每人每个月大约调查 70 个住所。调查员通过电话联系征得被访者同意后进行电话调整。调查结果中 85% 的住所是通过电话进行调查的。调查员对每月的调查进行总结，如果有必要则进行补充调查。如果在 6 个月的调查过程中，有样本住户搬家的，则数据接着从新住户那里获取。统计局的所有调查员的工作都受到上级的监督，确保调查员对调查中所涉及的概念及调查程序都较熟悉，调查员所完成的调查文件也受到检查。

用微机将调查数据保存在渥太华的加拿大统计局主管部门。但被保存的数据存在一些由调查人员和微机输入人员造成的错误，须编辑改正这些错误使数据记录如实反映调查情况。

为了便于数据分析，有时须将调查表中的若干项数据合并成一项保存在微机的文件中。

通过对随机抽取的样本住户的调查，将调查中某种用能设备占被调查户的比例作为这种用能设备在总体中所占的比例。

为确保调查数据的质量还做了一些工作：绝大多数省的调查反馈率在 70% 以上，但调查回来的数据也存在一些错误。这些错误可分为两类，一类是抽样错误。即使在调查中使用相同的调查问卷，调查人员，数据处理方法，但因估计上存在的略微差异也会产生错误（与实际情况不符）。第二类是非抽样错误。它与抽样无关，而发生在实施调查的每一阶段。如：调查人员可能未正确理解调查操作指南；被访者未正确回答所调查的问题；回答未被准确地记录在调查问卷上；在制表处理数据过程中也可能发生错误。这些错误均为非抽样错误。在调查中要投入相当多的时间和努力来减少非抽样错误。为确保数据质量，对数据收集、处理的每一步都要进行监管。

（3）数据分析。加拿大国家自然资源部下设的节能办公室有自己的数据分析中心，调查的数据在此得到进一步的分析。

1）末端用能分布。通过对调查数据的分析，得到了住宅中采暖、空调、热水供应、设备和照明的用能分布。

2）能源结构。通过对调查数据的分析，得到了住宅中天然气、电、油和其他使用能源的结构。

3）温室气体排放量。通过能源转换过程中的温室气体排放量计算，得到了住宅末端用能所带来的总温室气体排放量。

4）能耗影响因素及用能趋势。通过对调查数据的分析，得到了住宅用能影响因素及用能趋势。

（4）调查报告。

根据调查与分析，加拿大国家自然资源部的节能办公室在5年内提交了"加拿大照明用能"、"主要设备单位能耗"等18份报告。

该国近年来在住宅能耗调查方面所做的工作对我国开展相关工作具有一定的借鉴作用。

汪又兰　建设部科学技术司合作开发处副处长　高工

邮编：100835

英、法、德三国建筑节能标准近期进展

欧洲建筑节能考察报告之一

涂逢祥　邸占英　张振宁

【摘要】 本文综述了欧洲三国建筑节能标准近期进展状况，介绍了在建筑节能的基本动力转变为温室气体减排的情况下，建筑节能标准的要求进一步提高，并出现了零排放和零能耗标准。

关键词： 欧洲　建筑节能　标准　进展

我们最近对英、法、德三国进行建筑节能考察，访问了一些专家，参观了一些工程，了解到欧洲国家建筑节能标准工作又有了新的进展。特别是由于人们对温室气体过度排放对地球造成严重威胁的关注，进一步推动了建筑节能事业的迅速前进。

一、建筑节能的基本动力转变为减少温室气体排放

20世纪70年代的石油危机，启动了世界性的建筑节能事业。当时各国争相推进建筑节能的主要动力，都是节约能源资源，降低能耗费用，有些能源资源匮乏的国家，则还要减少对进口能源、特别是对石油的依赖。因此，在比较节能方案、选择节能措施时，往往要求做费用/效益分析，即在全寿命周期条件下的经济分析，计算出建筑节能费用支出在多少年内得以回收。

近几年来，温室气体CO_2的过度排放，造成地球变暖，已经对人类的生存造成严重威胁，这个问题，越来越引起世界上有识之士的广泛关注，并采取积极的措施。为了人类的可持续发展，1992年联合国环境与发展大会通过了联合国气候变化框架公约，

1997年联合国气候变化框架公约组织缔约方大会又通过了《京都议定书》。在《京都议定书》中，欧盟国家承诺了在2008～2012年期间将其温室气体排放量同1990年相比减少8％。在发达国家，CO_2排放总量的1/3左右是由于建筑用能的结果，因而建筑节能负担着艰巨的减排任务。由于许多国家现有建筑已基本上满足需要，大规模建造房屋的阶段早已过去，每年新建建筑甚至达不到既有建筑的1/100，可见建筑行业要完成分担的CO_2减排任务，并不是一件轻松的事情。

　　这种情况，有点类似北京市这几年抓大气环境的改善。北京市建筑采暖供热用燃料，长期以来都是以煤为主，改用天然气要比用煤贵2～3倍。但是，为了有一个洁净的天空，北京市宁愿改烧贵得多的天然气，并且多方设法限制烧煤，尽管为此每年要多花若干亿元，也决心这样做，这叫做"花钱买环境"。因为相对说来，烧天然气与烧煤费用的经济比较只能说是算小账，小账要服从改善大气环境这个大局。现在欧盟国家对建筑节能的态度也与此类似。他们纷纷进一步提高节能标准，要求大大减少建筑物的CO_2排放量（或简称碳排放量），以CO_2排放量作为建筑物质量的一个衡量指标，而不去强调节能投资回收期。如果继续强调计算回收期，由于许多较为廉价的节能措施已经用过了，高标准节能措施的回收期是会拖得很长的。也就是说，基于对人类未来生存环境的忧患意识，尽管为此要付出较为高昂的代价，建筑节能的要求也还是必须越来越严格。我们体会，这也是一种"花钱买环境"，这个环境就是地球大气环境、人类的生存环境。

二、进一步提高建筑节能标准的要求

　　落实减少建筑中温室气体排放量的根本措施，就是修订建筑节能标准。应该说，欧洲各国现行的建筑节能标准是比较完善的，要求本来就相当高。我国只有采暖居住建筑的节能设计标准，不久以前刚颁布了《夏热冬冷地区居住建筑节能设计标准》，在标准的贯彻执行中还有不少问题。而欧盟国家的节能标准已涵盖了各类建筑，而且过若干年就修订一次，每次又都提高节能要求。现行的建筑节

能标准,无论是总体要求还是对外墙、窗户、屋顶、地面等围护结构的要求,都要比我国采暖居住建筑节能标准严格得多。

我们知道,一般说来,节能标准的要求越是严格,节约单位能耗所需要的费用就越是更多。如果从房地产开发商、房产主本身的局部利益来说,为了达到如此高的标准的要求,既更为费事,又要多花更多的钱,并不一定很合算;但是,从地球环境、人类生存的大局出发,欧盟国家近来都在纷纷研究修订建筑节能标准,进一步提高节能要求。

1. 德国

德国工业高度发达,对建筑节能要求很高。在安排建筑节能标准和节能技术时,要考虑三个方面的因素:其一是建筑材料的生产能耗;其二是规定建筑围护结构各部位的热工指标;其三是温室气体 CO_2 排放量指标。

几种常用高效保温材料的生产能耗见表1。从表中可以看出,采用得比较广泛的 EPS 板,每立方米材料的生产能耗较少。据 BASF 公司估算,采用 EPS 板作建筑保温层,通过节约采暖能耗,其生产能耗回收期约为一年。

几种常见的保温材料的生产能耗　　　　表1

保温材料	型号	密度（kg/m³）	生产能耗（kWh/m³）
EPS 板	PS15SE*	15	151
	PS20SE*	20	190
岩棉板		30	150
		150	750
玻璃棉板		95	475
		170	845

* SE 指难燃型

德国的建筑能耗计算公式为:

$$Q_H = 0.9(Q_T + Q_L) - (Q_i + Q_s) \quad kW/年$$

式中　Q_H——建筑物总热耗;

Q_T——建筑不透明部分,即屋顶、外墙及地面的热损失;

Q_L——建筑透明部分，即窗户的热损失；
Q_i——建筑照明等电器得热；
Q_s——太阳得热。

德国建筑节能标准对围护结构的要求也是不断提高的，其对围护结构各部位传热系数要求的变化见表2。

德国建筑节能标准对围护结构传热系数（$W/m^2℃$）的要求　　表2

修订年份	外　墙	窗　户	屋　面	地　面
1977	—	3.5	0.45	0.90
1984	—	3.1	0.30	0.55
1995	0.50	1.8	0.22	0.35
2001	0.20~0.30	1.5	0.20	

德国住宅采暖较多采用燃油，其能耗指标一般以燃油量（L）为计量单位。

随着建筑节能标准要求的提高，建筑物耗能量及CO_2排放量指标如表3所示。其中1952年数值系无节能要求。

德国建筑物耗能量及CO_2排放量指标　　表3

指　标	1952年	1984年	1995年	2001年
耗油量　L/m^3年	35	15	10	6
CO_2排放量指标　kg/m^2年	90	40	26	16

2. 法国

法国的建筑节能标准已经经历了多次修订。1974年，即石油危机爆发后的第二年，法国就出台了第一个新建住宅节能法规，其目标是比1958~1973年建造的住宅节约采暖能耗25%；1982年又颁布了第二个住宅节能法规，与1974年的规定相比，再节能25%；1989年再颁布了第三套法规，与1982年的规定相比，再节约采暖和热水用能25%。按该法规建造的住宅采暖能耗，只有1973年石油危机前的42.2%。上述三次修订建筑节能标准，目的是减少建筑能耗，提高居住舒适度，并减轻使用房屋的用户负担。

标准也尽可能简化内容,便于操作,并提高有利于本国企业的竞争力,促进建筑行业的发展。对建筑围护结构注意避免"热桥",加强建筑物的密闭性,提高锅炉运行效率,减少照明能耗。节能标准中提出的要求,是最低限度的要求。实际上建造的建筑都会超出这个规定。

最近修订的建筑节能标准,也是由于实际建造的建筑节能水平越来越高,大部分建筑已远远超出原标准的规定,在温室气体减排新要求的推动下,当然应该修订标准,提高要求。此次出台的法规,比上述第三套法规住宅能耗降低20%,非住宅建筑降低能耗40%。其中还进一步考虑夏季的舒适度和降低空调能耗的措施。关于节能和减排CO_2,此次共出台了四个法令。第一个为由总理签署下达的政府令,即 RT2000 令;还有两个为住房部法令,其中一个为建筑节能应用标准的技术要求;另一个为计算方法;最后一个为"空气法",即为限制CO_2等有害气体的排放制订的法律,对工业、建筑业和汽车向室外排放有害气体加以限制,在建筑中则着重对采暖、炊事、空调以及燃料中排放的有害气体进行限制。要求这些法令在2001年6月1日起开始实施。只有遵循这些法令进行设计建造,才能获得建筑许可证。

法国住房部法令对建筑节能有两方面的指标要求,其一是参考指标,目的是推动技术进步,要求在不增加投资或附加费用的条件下能够达到的指标;其二是最低限值(又称警戒线),这是强制性规定,其中包括采暖、空调、热水、照明、气密性、通风等方面的指标。对能耗的计算,包括夏季与冬季的能耗,特别是注意夏季的节能。

3. 英国

英国有2100万套住宅,每年新建住宅约17.5万套,不到既有住宅的1%。在新建住宅中,85%属于私人住宅。

英国的建筑节能要求体现在建筑规范"核准文件"L部分—对燃料和动力的节约之内。其中规定:限制由于建筑围护结构产生的热损失;对采暖和生活热水系统的运行控制调节;限制生活热水容器和热水管网的热损失；限制采暖用热水管道和风道的热损失；在建筑中安装的照明系统对能源的需求不超出此环境的合理用量，并采取合理措施加以控制。

英国规范对住宅围护结构热工性能的要求也是逐步提高的，其各部分围护结构传热系数限值如表 4 所示。

英国住宅围护结构传热系数（W/(m^2·℃)）限值　　表 4

	1965	1976	1980	1990	2002
屋　面	1.42	0.6	0.35	0.25	0.16
墙　体	1.7	1.0	0.6	0.45	0.35
与地面接触的地板	—	—	—	0.45	0.25
窗　户	—	—	—	3.3	2.0

建筑节能标准中规定的基本要求，大体上可分为两类。一类是规定性指标，如表 4 所示的部分建筑围护结构传热系数高限值，在英国标准中称为部件法，即按建筑部件的传热系数作出规定。这类指标应用方便，一望而知，特别受到规模较小的设计与房屋开发单位的欢迎；另一类是性能性指标，在英国标准中称为 U 值目标法（规定建筑物围护结构最大的平均 U 值）和用能率法（规定用能率的目标限值），即规定单位建筑面积的能耗指标。这类指标用于建筑设计的灵活性大，受到有经验的建筑师的欢迎。在采用性能性指标时，法国还对部分围护结构的传热系数的最大值作出规定，以免某部分围护结构热工性能过差。在英国的新标准中，用能率法又被二氧化碳指标法所取代，即直接以 CO_2 排放量作为衡量指标，而不是算到能耗值为止。

无论从哪方面的指标分析，这些国家建筑节能标准的要求已经相当高了，围护结构保温隔热的潜力已经不多，气密性要求也不能提高，由于卫生的需要，换气次数 0.5 次或 0.7 次是必须保证的。因此，这一轮修订建筑节能标准，除了进一步适量改善围护结构热工性能外，还从照明方面，特别是高效照明灯具方面加强。

欧洲发达国家新建建筑所占比例不大，但有很多改建的建筑，要减排 CO_2，还需要重视既有建筑的节能改造。因此，规定在既有建筑改造时，也要遵守建筑标准中的节能规定。

欧洲国家很重视行为节能。为此，不少欧洲国家编制了集中供热的采暖计量收费的标准、法规，甚至还成立了多国家的欧洲采暖计量收费联盟（E. V. V. E.）。

三、能耗评估标准与零能耗标准

为了使房地产市场树立节能意识，英国还开发了一种建筑用能的"标准评估程序"（SAP）。这个程序是以 1995 年英国的建筑规范为依据，采用 BREDEM 程序算出各个住宅建筑的每年能源费用，采暖用能与 CO_2 排放量，得出用能率指标。这个指标从 1（非常差）到 100（非常好）。当住房更换业主时，计算其 SAP 值，作为考虑房价的一项重要依据。这种标准程序，对于推进全社会关注建筑节能，是一项有效措施。

建筑节能的进一步发展，在欧洲已经出现了一些建筑耗能极小、甚至不需外界供应能源的建筑。对于这些建筑，需要一些共同的标准加以评定，因而出现了零采暖能耗标准（zero heating standard）、零 CO_2 排放标准（zero CO_2 standard）和能源自给标准（autonomous standard）。

1. 零能耗住宅标准。按 BREDEM 规定，家庭生活所需各种能耗，如采暖、照明、家用电器均来自太阳能或其他"自由热"，使能耗为零。但为满足老弱病幼的需要加设采暖设施的不在此限。

2. 零 CO_2 排放标准。根据每个住户每年使用的能源数量，可算出每年该户的 CO_2 排放量，零 CO_2 排放住宅即该户的 CO_2 排放量为零。因此，要求该户使用的能源来自可再生能源（即太阳能或风能等）。如果该户一旦可再生能源不能满足使用需要，可以从能源公司购买"绿色"能源（如电），但是，该户日后必须生产出可再生能源，并使产出的电能并入电网，以补偿由于使用外购能源而排放的 CO_2，使二者抵消后，CO_2 排放量为零。

3. 能源自给标准。这类住宅必须符合上述两种住宅的标准。

住宅本身必须具有可再生能源采集系统。这个采集系统可以是单独的系统，也可以是若干幢住宅联网的系统。不得使用不可再生能源。如与公共电网连接，则必须做到能源的输入与输出的平衡。此外，还应设污水处理装置和中水回收利用装置。使用水源后，还要用中水补充地表水。

上述标准按英国 BRE 家用能源程序（BREDEM）计算时，对其围护结构传热系数的要求更高。见表 5。

零采暖能耗、零 CO_2 排放住宅的传热系数（$W/m^2 \cdot C$）限值与英国 1995 年建筑规范的比较　　表 5

部　位	1995 年建筑规范 SAP 超过 60	零 CO_2 排放	零能耗
屋　面	0.25	0.10	0.08
平屋面	0.35		
地　面	0.45	0.20	0.10
外　墙	0.45	0.20	0.14
门窗和屋顶采光窗	3.3	2.20	1.70

此外，对建筑密闭性及通风也有规定。

项　目	1995 年建筑规范	零 CO_2 排放	零能耗	能源自给
密闭性	15 次/h@50Pa	3 次/h@50Pa	1 次/h@50Pa	1 次/h@50Pa
通　风	PSD	PSD	机械通风带热回收装置	机械通风带热回收装置

涂逢祥　中国建筑业协会建筑节能专业委员会　会长　教授级高工
邮编：100076

英、法、德三国建筑节能技术考察

欧洲建筑节能考察报告之二

顾同曾　方展和　游广才

【摘要】 本文介绍了对英、法、德三国建筑节能技术考察的状况,其中包括建筑保温材料与节能技术,特别是外墙外保温中的一些技术问题;还介绍了既有建筑外墙外保温改造的一些做法和采暖能耗的计量和收费的经验。

关键词: 欧洲　建筑节能　外墙外保温　采暖计量

在温室气体减排要求的推动下,伴随着现代建筑技术的进步,近期欧洲建筑节能技术有了很大发展。现按照我们了解到的情况,分述如下:

一、建筑保温材料与节能技术

1. 高效保温材料及其在墙体保温上的应用

当前各国使用的保温建材品种很多,大致可分为几类:一类属有机发泡材料,如泡沫聚苯板、挤塑聚苯板和发泡聚氨酯等;另一类是属于无机棉类,如岩棉、矿棉、玻璃棉;再一类属于天然有机材料,如软木、植物纤维和废纸浆;还有一类是以矿物加工制成的保温材料,如膨胀珍珠岩、泡沫玻璃等。

欧洲各国对各种保温材料的选择,以及在建筑各个部位上的用法以及构造等也各不相同。如德国泡沫聚苯板用量最多,1950年开始生产,1955年首先在建筑上使用,其产量1976年为500万

m³，1997 年达到高峰，年产 4500 万 m³。在全球而言，1985 年产量达 43 万 t，1990 年达 56 万 t，1995 年达 78 万 t。在德国，泡沫聚苯板大部分用于外墙，约总产量的 53%。因为德国建筑大部分为外保温，占总建筑量的 80%，其中 70% 均用泡沫聚苯板。但在屋顶上聚苯板用得很少，仅占建筑量的 5%，大部分用岩棉或玻璃棉。泡沫聚苯的优点主要是质轻价廉，保温性能和耐久性好，能工业化方法大量生产，生产中不产生有害气体，不污染环境。

一些主要保温材料导热系数的比较　　　　　表 1

	导　热　系　数（W/mK）					
	0.03	0.035	0.04	0.045	0.05	0.055
聚苯板 EPS		●	●			
挤塑聚苯板	●	●				
聚　氨　酯	●	●				
矿物纤维		●	●	●		
软　　　木			●	●		
泡沫玻璃			●		●	
膨胀珍珠岩				●	●	

对 EPS 板的耐久性问题大家十分关心。德国 BASF 公司做过如下两件工作，一件是对经历多年产品的强度和压缩的关系作了检测对比。

泡沫聚苯板强度和压缩率关系的检验　　　　　表 2

年 %　压强	0 年 (%)	10 年 (%)	20 年 (%)	30 年 (%)	40 年 (%)	50 年 (%)
0.04Pa	0.40	0.45	0.50	0.60	0.70	0.80
0.05Pa	0.60	0.65	0.75	0.80	0.90	1.10
0.06Pa	0.80	0.85	0.90	1.05	1.15	1.35

注：1. 该试件密度为 30kg/m³

　　2. 试验条件温度 23℃，相对湿度 50%

另一件是一个实例。德国 BASF 公司于 1969 年在奥地利一幢 12 层的高层住宅上采用泡沫聚苯板作外保温，于 1996 年将外保温层进行剖析，对其保温、吸水等性能作了检验，均无多大变化，因此可以认为 EPS 板是一种耐久性好的保温材料。

在法国，还有相当大的部分墙体仍采用内保温，但既有建筑改造一般采用外保温。原因有两方面：一是法国气候相对温和，二是经济问题，与德国相比还有一定差距。

英国把外保温作为发展方向，他们把外保温体系称作 EI，并分为三种类型：一种称之为湿作业型，即我国现今采用得最多的，将聚苯板粘贴在墙上后抹聚合物砂浆，用玻纤网格布加强的做法；第二种称之为干挂体系，在墙上固定保温材料和金属或木框架，然后在框架外挂各种板材，保温层与外挂板之间设空气层；第三种做法称之为定型外保温体系，墙体可能为砌块或砖墙，墙外为保温层，保温层外为木龙骨，木龙骨外用不锈钢钉钉木鱼鳞板。实际上这是一种欧洲传统建筑的外墙做法，欧洲把这些做法统称为外保温做法。一般外贴保温层做法，材料大部分采用发泡聚苯板；但也有外贴岩棉抹灰做法，不过经试验，这种形式抗负风压性能较差。岩棉与玻璃棉作保温大量应用于屋面和夹心墙。

2. 外墙外保温的防火问题

根据英国建筑规范规定，外墙外保温如果采用塑料制品，必须有防火措施。主要是考虑到发生火灾时，火焰由窗口窜出，会熔化保温材料。一般二层建筑可不设防火隔离带，二层以上建筑则必须在层间设不燃材料的防火带。是每层设置还是每两层设置一条防火带，要视具体构造而定。但这防火带必须由钢构件支托保护。

在英国，对保温塑料制品附设在墙上用钉锚固时，不能用塑料钉，应该采用不锈钢钉，如用镀锌螺丝外加塑料胀管时，对塑料胀管有要求，要求这种塑料应该是聚丙烯或尼龙制品，锚固件的间距不得大于 1m，每平方米保温面积不得少于 1 个钉子，详见图 3。

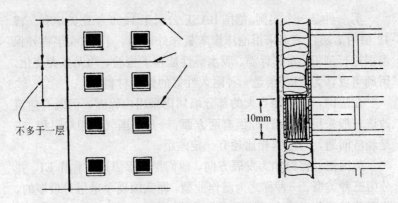

图 1 普通抹灰型必须每层设防火带

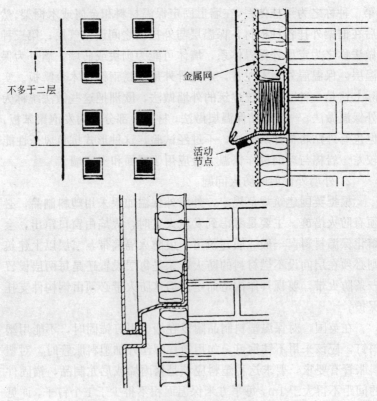

图 2 保温层外附钢板可每两层设一防火带

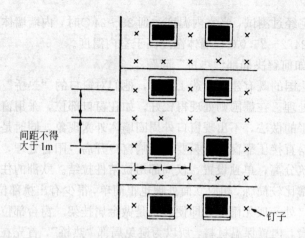

图 3 固定钉子间距

3. 外保温的外墙是否允许贴面砖

如采用泡沫聚苯板做外保温，不允许贴面砖。尤其是对于高层建筑，这种贴面砖的做法太危险，面砖有可能脱落，掉下伤人。

4. 外贴型外保温，除用胶粘贴外是否还要用钉锚固

聚苯板面刮胶方法有两种，一种是板后满刮胶，另一种是板后周边设胶、中间铺粘胶点，不少工程还要加钉锚固，采取粘锚结合方法。从所见实际工程看，这种外贴型外保温，有的还分层用金属件承托，有的在保温板之间还得用金属插件。但也有例外，如前所述的一法国既有建筑改造工地，采用装饰保温一体化的外保温板，其背面没有用胶，而是仅用胀管锚固，但锚固钉密度相当大，$1m^2$ 可能有 10 多个，分析原因，可能是基层为面砖，用胶粘贴不一定可靠，宁可用加密锚固件的方法更为牢固可靠，而且又全部为干作业。

5. 外保温材料与墙之间是否必须设隔汽层

在此次考察中，当外保温采用泡沫聚苯板时，均未见设隔汽层。BASF 公司曾作了演示，以证明 EPS 板是一种透气但不透水的材料，同时在理论上说外保温体系的外墙是热墙，不是冷墙，不可能在保温层与墙之间出现冷凝水。BASF 公司对他们开发的低

能耗住宅经过测试,当室内温度达到23~24℃时,内墙墙体温度可达到24.2~25.0℃,墙体温度高于室内温度。

6. 如何解决局部"热桥"问题

从法国的既有建筑改造工地看,他们对窗口的"热桥"问题都不作处理。在德国则处理得较好,如在窗口部位,采用窗口与墙外取平的做法,不出现窗口外周圈墙体外露现象,同时是将外保温材料直接压靠窗框,只要不影响窗户开启。阳台处理,可与主体建筑分离,单独设置,仅局部用拉结件拉结。欧洲的住宅平面设计都比较简练,相应立面处理也很简单,很少有出挑部位,如单元入口处一般无雨罩,即便有也是做金属挂架。窗台部位均为彩板窗台,内置保温材料,所以为避免局部"热桥",首先在建筑设计上就要尽可能地减少出挑构件。

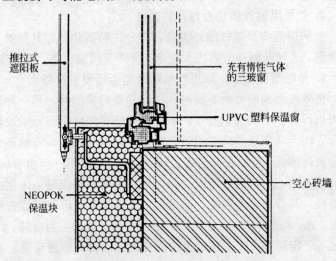

图4 窗口部位构造处理

二、既有建筑外墙外保温改造

在法国考察过程中参观了两处对既有建筑的改造工地,均系单元式公寓采用外墙外保温做法。一处外保温材料采用块型的泡沫聚苯板,块材尺寸约为500mm×500mm,板厚方向均开槽,用金属构件分层承托,采用粘、钉结合的方法,固定在既有建筑外墙上,具体构造节点见图5。

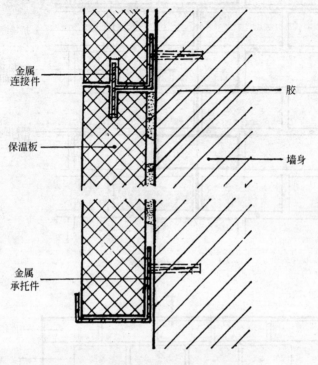

图5 既有建筑保温改造构造示意图

另一处外保温材料采用装饰保温一体化的构件,这种构件是在工厂预制的保温板。保温板有三层,外表是面砖,后背保温层为发泡聚氨酯,面砖和保温层之间有个加强层。这种保温板共有两种型号:一种是平板,尺寸约1200mm×600mm;另一种是角板。此种保温板用膨胀螺钉直接锚固在墙上,锚固件的位置呈梅花状,间距约300mm,螺钉系钉在"灰缝"的加强层上。与此同时,又由金属构件分层承托。窗口有金属挡板。由于原建筑为清水红砖,保温板板面也采用相应色彩的面砖。这样可以与改造前原建筑风格完全一致。其构造见图6。

145

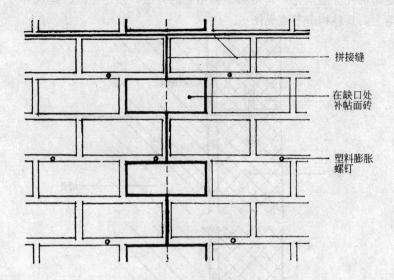

拼缝处构造

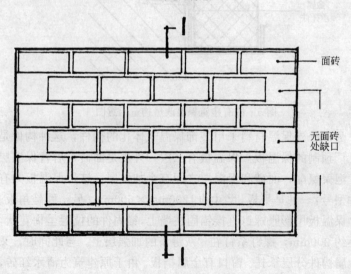

装饰保温板 板型图

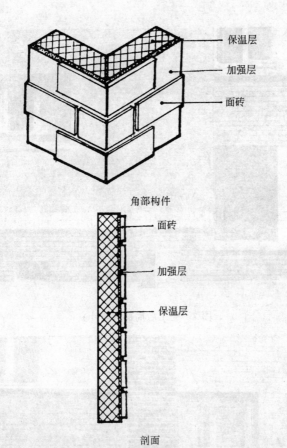

图 6 装饰保温一体化保温板板型及构造示意图

三、采暖能耗的计量和收费

1. 能源服务公司

在欧洲有各种节能咨询或顾问公司,这类公司提供仪表安装、能耗的计量、热费计算、热量收取等成套服务,在发达国家这是一种特种服务公司。如德国的 Viterra 公司,就是经营得较好的一家能源服务公司。这家公司每年有 13 亿马克营业额,雇员 5 千多人,服务于 126000 栋公寓。该公司创建于 1902 年,已有百年历史,经营计量业务始于 1924 年。目前其计量服务在全世界处于领导地位,公司涉及欧洲、南美和中国等许多个国家,去年在欧洲

图7 完工后局部（照片）

图8 完工后局部（照片）

图 9 完工后全貌（照片）

的业绩为：销售额 37380 万欧元，投资 5510 欧万元，为用户安装各种读表（其中包括水表、电表、热表和气表等）超过 3500 万块。

公司的服务首先是对用户提供各种计量表，并为用户安装。当系统安装完毕后，实行读表计量、计费收费一条龙服务，最后向用户开出账单。其服务内容是全方位的，不仅是热能计量，还包括用水计量，因为当前在欧洲水资源也严重短缺，需要通过计量节水，对用电也要计量。所以，这是一种为用户使用各种资源服务的公司。

2. 计量方法和收费

计量分为总计量和分计量，在各住户中均有各种分计量表，在热、水、气上均设有分表，如热量分配表、水表、电表等。在各个单元，根据不同单元不同住户还设有总表（这种表的类型有人工读表，半自动化读表和全自动化读表），经汇总后算出账单。但是这份账单中对各户的取费并不是根据每户实际耗热量累计后按比例取费，因为如果这种收费是不合理的。对于公寓建筑，中间单元肯定能耗节省，边角单元肯定能耗更费。所以服务公司要根据每个住户所处不同位置将热表中测出的耗热量乘以不同的系数,此法是通过整栋建筑分配后进行调节,做到合理收费。

这种服务方式的优点:一是可以减少各中间环节的费用;二是有利于改善资源的利用状况;三是能改善服务质量,因为服务专业化,使分工越来越合理。

3. 采暖计量在欧洲各国的发展概况

德国是目前世界上热表装得最多的国家,98%的用户均安表计量。仅通过计量方面就节约了15%~20%的能耗。德国这方面的规范始于1981年,1984年和1989年又经过两次修订。目前建筑物装热表达100万块(这种表价格较贵),装热量分配表达4500万块(这种表价格便宜)。目前德国3400万套住宅中,有1400万套采用集中供暖,安表计量指集中供暖这一类的建筑。

奥地利从1980年开始,1992年起规范化,目前已有55%~75%用户安热表计量。

丹麦是热计量表的发源地,是世界上用热表最先进的国家,100%的用户安热表计量。

法国目前有300~400万幢公寓已安热表计量。

意大利和西班牙属南欧,气候温和,现在刚在起步。意大利约700万幢公寓需要计量,西班牙约300万幢公寓需要计量。

顾同曾　北京市建筑设计研究院　教授级高级建筑师
邮编:100045

欧洲的三幢节能示范建筑

欧洲建筑节能考察报告之三

白胜芳　王美君

【摘要】 本文介绍了欧洲的三幢示范建筑，一幢是英国建筑研究院的新建办公楼，一幢是英国的智能型绿色建筑，另一幢是德国节能改造的公寓住宅。从中可以看出现代化建筑节能技术多方面的特色。

关键词： 欧洲　节能　示范建筑

最近我们在欧洲重点考察了三幢节能示范建筑，这三幢建筑各有特色，但都采用了近代先进技术，高度节能，居住舒适，大大减少了 CO_2 排放量。

一、英国 BRE 的节能办公建筑

BRE 是英国建筑研究院的英文缩写。BRE 的节能办公楼是一幢多层建筑，建于 5~6 年前，它充分利用可再生能源和循环使用的建筑材料，室内有冬暖夏凉的良好工作条件，又使工作者在室内就能享受到相当于自然环境条件的可控式使用空间。这座办公楼是一座节能、环保又有益于健康的理想的办公建筑（见图1）。

1. 节约使用资源

本着节能、环保的原则，建筑物使用了旧建筑物 96% 的回收或再生材料，回收使用的旧砖有 80,000 块；90% 的现浇混凝土使用了再生使用的骨料，水泥混合料中添加了粒状炉渣，并使用了对环境亲和的油漆和清漆。

木材虽然是可再生资源，在使用时仍遵守节约的原则。建筑内部使用了回收并循环使用的红木席纹地板块，经表面处理后，光

图 1 英国建筑研究院节能办公楼

洁如新。卫生间使用的是低流量马桶。

2. 太阳能利用

建筑物正面设计有智能型太阳能集成采光系统，外置百叶窗，使用者可自行调节，管理系统完全自动控制。此系统最大限度地减少眩光和夏季太阳得热，同时并不限制日光光线进入室内和见到外景。在建筑的背面，设计有太阳能风道。太阳得热温暖了风道里的空气，使热空气由于"烟囱效应"而上升，带动在建筑物内产生自然通风。设置在建筑物入口处上方的光伏电池板和太阳能集热板产生的能源，直接输入建筑物中。

3. 降低采暖、制冷和照明负荷

低能耗建筑要避免或最大限度地减少空调制冷的使用，为了减少采暖和制冷负荷，设计时，在建筑围护结构方面采用了先进、节能的控制系统。建筑内部采用了通透式夹层顶棚板，以便于自然通风；通过建筑物背面的格子窗进风，建筑物正面顶部墙上的格子窗排风，形成贯穿建筑物内部的自然通风，并连通太阳能风道，充分利用太阳能风道内产生的烟囱效应，使室内工作人员享用充分的自然通风(见图2,图3)。办公楼使用的是高效冷热交换锅炉和常规锅炉,两种锅炉由计算机系统程序控制交替使用。通过置于地板内的采暖和制冷管道系统调节室温。

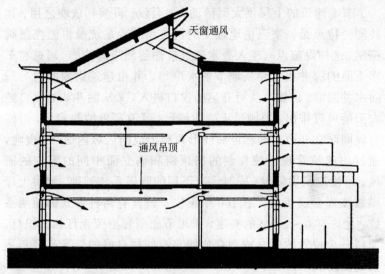

图2 室内通风系统图

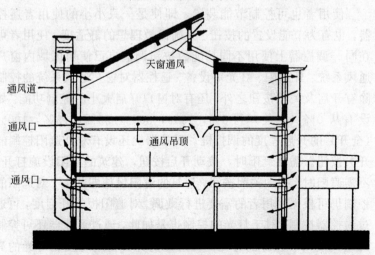

图3 室内通风系统图

为了尽可能避免使用人工照明，积极开发自然采光能源，照明系统是全方位组合型的，由建筑管理系统控制。每一单元又有日光、使用者和管理方通过检测器的遥控系统。

节能建筑的上层供大型活动，如会议、讲演和放映之用。其共同的特点是，室温由地板下的供热和制冷系统及恒温控制阀控制，这种设施也有输入冷水通过散热器制冷的功能。通过在车库下面的深井用水泵从地下抽水冷却，并由建筑物前面的另一回水井回灌。自然风从可开启的窗口进入，又从漏斗状通风口经太阳能风道排出。顶棚呈正弦曲线形，具有高效的热容量，可使空气同时在开敞空间和由曲线形顶棚形成的区域内通过。夜晚，通过由建筑管理系统控制的屋顶窗和南立面中间的窗户的通风，可使建筑物降温。同时还有下层的降温系统辅助。演讲大厅供放映或会议使用，有100个座位，设置有两种形式的照明系统，允许有0~100%的亮度，采用节能型管型荧光灯和白炽灯，使每一个位置的听众或观众均能享有同样良好的灯光亮度和适宜的温度。

4. 自动控制

使用者也可控制节能装置。即使是一只小小的使用者遥控器，也有为节能设置的按钮。为确保最理想的舒适度，使用者可在同一调控器上使用不同功能的按钮调节自己使用区域内窗户通风系统、外遮阳、灯光等设备。遥控器对窗户通风系统的控制除有开启及关闭按钮之外，还有对窗户开启大小的控制功能。如设有从0%（全关）到5%，15%，30%，50%，75%，100%（全开）的开启程度的调控键。遥控器上还设有对外遮阳控制的开关按钮。需要遮阳时，按动开启按钮，建筑的遮阳设施打开，不需遮阳时，按动关闭按钮，建筑的遮阳设施即关上。对遮阳的控制仍可根据使用者的需要进行微调。对遮阳板的开启度，可通过遥控器控制。对于灯光的控制也是如此，通过遥控还可控制此空间使用者顶部的灯光。对灯光的开关钮还可控制灯光的亮度。遥控器上的手动/自动控制钮，既可开关灯具，又可使通风窗和遮阳系统进入计算机控制状态。当使用者需要离开一段时间或者下班时，按下关闭按钮，个人空间即进入计算机管理状态，以节约能源。

二、智能型绿色住宅

1998年，一座由多家科研、生产和设计单位共同研制、开发的绿色住宅示范建筑在位于伦敦不远的伽斯敦的英国建筑研究院（BRE）落成。这座住宅集智能化、循环使用的建筑材料和环境的亲和为一身，又因为主要构件为预制件，建造时间仅用了10个星期。由于其在设计、施工、材料的使用和功能特色方面的优越性，一时间引起了公众和媒体的高度关注，在以后的几年里，一直是英国节能、绿色和智能建筑的典范（见图4）。

图4 绿色住宅示范建筑

1. 工业化

此建筑的结构特色体现在：基础、地下结构件和墙板均为预制混凝土。外墙为装配式预制大板，外覆面为木板，内表面用纸面石膏板，中间用纸纤维保温。装配式木框架上部结构（木材在国外是有计划种植和采伐的可再生资源）和整体浴室设备都在工厂制成，现场安装。施工现场尽量没有废弃物。整座建筑的建造全过程由 BRE 的配套测试仪器检测，以确保设计要求的最高节能效果。建筑正面的钢框架太阳房是住宅整体的一部分，可作为四季花房使用。

2. 智能化

独具的智能特色：室内设计为开敞式可灵活安排的生活区域，有可划分在家办公的空间和可移动的卧室墙板。智能式下部结构安设了信息技术设备，其中有通过电视接入的因特网和电子信箱线路；电视与前门、暖房和花园的监视器镜头、震动式监视器及被动式远红外传感器相连接；集成接收系统可为数字卫星和地面电视以及调频无线电广播提供服务；有 10 条电话/传真线路，电话可用作传声、传真或室内各种功能的数据记录器之用，每个房间还有自己的电话分机。

智能控制的太阳房遮阳和通风口。屋面斜向玻璃阳光室的斜面上设金属自动卷帘，可随阳光强弱自动调节启动。阳光室设有可开启-关闭的百叶窗，以调节室内小气候。可自动也有可手动开关；整座房屋的采暖、遮阳、灯光和音频系统通过安装在墙板内的装置控制，每间屋子还可使用遥控器自行调节。灯光模式可以设定也可以调节。灵巧的钥匙在一定房间范围内是通用的，在某些房间又不能通用。

卫生间的镜子在主人洗浴时可根据室内温度升高而自动调升温度，以防水汽影响镜面的使用；浴盆可用程序控制调节水量和水温；卧室与阳台间的门是用特殊玻璃制成，当主人不需要光亮时，按动门边按钮，门玻璃就会变为不透明玻璃，这是因为玻璃内采用了液晶技术；厨房内主要炊事设备也设有可遥控开关。

3. 废料利用

建筑外墙填充有可循环使用的废旧新闻纸制成的保温材料，190mm 厚的循环使用的纸纤维保温隔热层，U 值为 0.2，保温性能良好；建筑物西侧用红松木做外包层以加强外保温效果。顶层楼层使用的木地板是由 BRE 可再生循环利用中心供应的废旧地板，经表面处理后光洁如新。

4. 太阳能和风能利用

住宅屋顶的光伏太阳能电池板、真空管热水集热器及风机为住宅提供生活热水、电源。被动式通风道装有备用风扇，用风力和太阳能电池供电驱动；屋顶为坡屋面，用高山景天属植物草皮覆盖，此类植物不需任何人工伺弄，种植在屋顶又可起到保温隔热的作用。草皮下有 30mm 的土层，土层下设聚苯板，其下为防水层。水源热泵从 50m 的深井取水为房屋供热。此外，还有风力发电设备。

5. 节水设施

该建筑设置了节水、废水处理和储水装置。厨房使用的是节水设备；经过滤处理后的洗澡和洗衣用水成为中水，中水被收集起来，可用作清洗卫生和冲洗马桶之用，这样可使对此房屋的供水量节约 33%。雨水收集器收集的雨水可用来作浇花和洗车之用。

三、德国路得维希港的节能改造建筑

德国西部莱茵兰-普法尔茨州的路得维希港是风景优美的莱茵河港口城市，也是著名的德国化学材料生产公司——BASF 公司所在地。重视环境保护，积极参与 CO_2 等温室气体减排，是德国人所关心的大事。因此，既有建筑的节能改造在这里也备受重视，在此，介绍一座已有 70 年历史、经节能改造后的建筑。经过改造，此建筑冬季采暖用油从改造前的约 20 升燃料油/m^2·年，到现在的 3 升燃料油/m^2·年，仅用过去用能源的 15%，相当于 3.7kg 标准煤/m^2·年，被称为"3 升建筑"。此建筑比 2000 年德国新的节能标准还要节能 50%（改造方案见图 5）。"3 升建筑"不仅为住户大大节省了采暖费用，又达到了住户满意的舒适度，成为既有建筑节能改造的典范，在热舒适性、节约能源和环保方面为既有建筑的节能改造走出了一条综合技术革新的路子。

1. 对外墙和屋顶进行高水平的保温

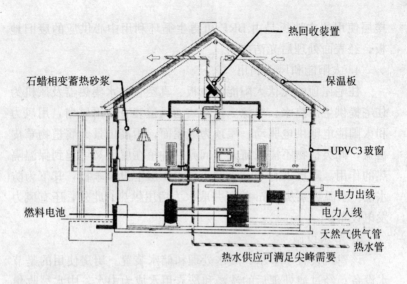

图5 改造方案图

既有建筑在节能改造方面有大量工作要做。地下室、墙体、窗户和屋顶均需进行全面的改造。因此，外墙外保温和屋顶保温就成为关键。只有采用加强气密性和克服冷桥等方法，才能达到要求。在此，采用了在300mm厚灰砂砖墙上粘、钉Neopor板材的技术。

Neopor是一种以聚苯为基材的发泡板材，但板材是银灰色的。这是因为在聚苯材料中掺入了极小的薄片状石墨。石墨有热反射作用，有效地阻断了热辐射。因此，Neopor板材比普通聚苯板材的保温性能更好。同样的密度，Neopor板材比其他保温板可减薄20%，而保温隔热性能不变。考虑到结构的因素，尤其适用于既有建筑的节能改造。这就为既有建筑的节能改造提供了更好的外保温材料。这种新的外保温材料在经济和生态方面也有其优势。原材料使用较少，造价较低，并少用了资源。多使用一块聚苯板就等于减少了一份对环境污染的压力。10L左右的原油可生产出 $2m^2$（10cm厚）的Neopor板材。而此板可使用50年，比同类板材节省约1200L的采暖用油！

Neopor 聚苯板性指标　　　　　　　　表1

名　称	密　度 (kg/m³)	抗拉强度 (N/mm²)	吸水率 (%)	导热系数 (W/mK)	尺寸误差 (mm)
PS15SE*	≥15	≥0.1	≤0.15	0.032	±1
PS20SE*	≥20≤25	≥0.15	≤0.20	0.030	±1

* SE 指难燃材料

还有一种新型聚苯板，名为 Peripor。它应用于地下室的外墙外侧，既起挡土又起保温作用。用这种材料代替挤塑聚苯，因为比挤塑聚苯价格低，性能也能满足要求。其主要性能指标为：

密　　度：31 kg/m³

导热系数：≤0.04W/mK

吸水率（28 天）：1.0%（允许值为 2.0%）

水蒸气扩散率：3.85%（允许值为 12%）

节能改造建墙体和屋面保温材料为：

外墙外保温：20cm 厚的 Neopor 板材；

地下室顶板：底部 14cm 厚 Neopor 板材，顶部（在楼板以下）6cm 厚 Neopor 板材；

屋面保温：20cm 厚 Neopor 板材；椽间的保温层为 9cm 厚 Neotect 板材（见图6）；

外墙周边保温：18cm 厚 Peripor 板材，带水平墙裙进行保温以防霜冻；

2. 采用了 3 玻 UPVC 窗和推拉窗板

在"3 升建筑"中窗户是重要的环节。适当增加窗户面积对于被动式太阳能利用和增加自然采光有利。为了减少热能散发，节能改造时，将原有旧窗拆除，改用三玻 UPVC 塑框窗，在玻璃之间充有惰性气体，大大提高了保温隔热性能，其 U 值为 $0.8W/(m^2K)$（图 144 页图 4）。

在窗外还安设了可覆盖整个窗户的推拉窗板，窗板在轨道上滑动，起到保温、隔热和遮阳作用。

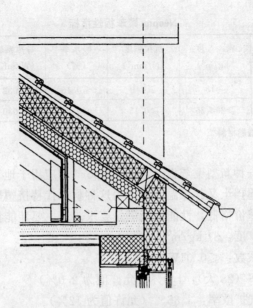

图 6　屋面保温示意图

此外,后加的阳台用支柱支撑,与主体结构分开,只有辅助件相连,以避免热桥。

3. 热回收装置

屋顶阁楼上设有热回收装置。新鲜空气通过顶部通路输入,与排出的热空气换热后进入室内各个房间。这种新风系统是可调式的,并且在每一时间都有新风送入。室内的空气也可通过管道系统,经过热回收装置后排出。冬季采暖时,85%的热量可回收利用;

4. 内墙的"空调系统"——相变石蜡砂浆

BASF 公司还研制出了石蜡砂浆。并已用这种砂浆抹于两间房间的内墙表面,作为室内的冬季保温和夏季制冷材料,令住户满意使室内保持良好的热舒适度,并且不需用昂贵的空调系统。砂浆内 10%~25% 的成分是由可以蓄热的微粒状的石蜡组成。也就是说,每 m² 的墙面就含有 750~1500g 的石蜡。每 2cm 厚的此种砂浆的蓄热能力相当于 20cm 厚的砖木结构墙。为了使石蜡易与砂浆结合,对石蜡进行了"微粒封装"。当室外太热,在热向室内传播的过程中,石蜡遇热而熔融,内墙隔热层密度加大,使室温上升缓慢;当室温下降时,熔融的石蜡向室内释放热量。保温砂浆的智能蓄热作用如同室内的空气调节系统,使室内冬暖夏凉,保持舒适度。

5. 地下室设有燃料电池作为小型动力站

燃料电池对"3升建筑"也是重要的环节。"3升建筑"通过燃料电池提供对环境友善的部分采暖能源,辅以现代化的供热锅炉和公共动力管网。

这种小型动力站的原理是使用了聚合物膜状燃料电池。在这种燃料电池中,先将天然气转换为富氢可燃气体,再在燃料电池炉中燃烧。在燃料中,燃料电池如同空气那样饲入。剩余的天然气可在催化剂的作用下充分燃烧。因此,这种方法比传统供热系统的污染物排放量更少。经过三年对此科研成果的测试后,在德国第一次安装于此建筑中使用,并进行测试。

6. 经济效益和环境效益

"3升建筑"不仅提高了住宅的热舒适度,节约能源,同时室内还有新鲜、洁净的空气。

此既有建筑的节能改造使住户节约采暖和用电开支,并大大减少了CO_2的排放量,见表2。

100m² 的公寓建筑每年的消耗 表2

	传统建筑	7升建筑	3升建筑
能耗(L 燃料油)	2000	700	300
CO_2 排放量(t)	6	2.1	0.9
采暖费用(德国马克)	2000	700	300

白胜芳　北京中建建筑科学技术研究院　高级工程师
邮编:100076

德国室内采暖节能政策

Paul H. Suding

一、能源价格、能源保护及环境政策的相互演变*

联邦德国首次采取政策措施减少室内采暖能量的消耗是在1974年第一次石油价格危机之后。当时的措施是软性的：除了道义上的劝告之外，还有信息传播、研究及发展计划，惟一具体的措施是修改了租金条例。条例规定，按投资金额确定一定的百分比来提高年租金，使房主能从节能方面的投资中得到足够的补偿。

有一点我们必须说明一下，1974年联邦德国的大部分建筑物都是靠建筑物内部的小型中央供暖房用燃油供暖的。当时供暖燃料的价格不受管制，对燃油还征收小额税。因此，原油价格的飙升导致了燃油的价格大幅度上升。当时的政策认为，价格信号是使投资者和能源利用者作出反应的最重要的工具。

又过了3年德国才有了能源保护计划。尽管它带有很强的政府行为特征，社民党和自民党政府仍把它作为一种以市场为导向的政治商品来出售。这些政府行为包括：

• 1977～1983年（以转让或减少税收的形式）发放补贴，使当时的建筑物增加隔热设施。

• 在1976年颁布的新的节能法的基础上分别于1977年和1978年规定了建筑物围护结构的标准和供暖系统的标准。

• 1978年规定了由烟囱清洁工对供暖系统进行管理。

• 1978年轻微上调燃油税。

---

* 有关1990年以前政策的详细内容请参阅《能源年度回顾，1989，14：205～239》P. H. SUDING 撰写的"联邦德国影响能源消耗的有关政策"一文。

• 1981年强制执行居住者分摊暖气费用的规定。

早在1975年，一些环境条例就不仅针对大型，而且对中型燃烧的锅炉烟气（保持空气清洁技术导则）也加以规定。

1982年，新的基民盟/基社盟和自民党政府基本沿用相同的节能政策。

• 对补贴政策进行了修改。从1984年开始便不再对隔热设施发放补贴，而是对区域内供暖系统的连接以及对热泵等新技术发放补贴；从1986年开始，也对整修暖气设备发放补贴。

• 1984年规定了更加严格的标准，原因是能源价格居高不下。

当石油价格从1985年开始下降后，政府基本上未改变其节能政策，强调理由从厉行节约变为保护生态。因此在1988年，有关排放标准的条例对小型锅炉也作了规定。在1989年，对燃油的征税再度上调，同时对天然气也开始征税。1995年，规定的标准更加严格了。

1998年底新的社民党和绿党政府开始执政后引进了一项能源税（生态税），从2000年开始生效，并将逐年上调。目前正在准备制定一项新的相关标准的条例，它不仅将比过去的标准更严格，而且将有一些概念上的改变。其最显著的特点是具备一套面面俱到的系统标准。人们希望该条例能更透明更实用。

这一具体的节能政策是与总的保护政策策略相关联的，其中，唤醒公众意识、信息、技术的研究与开发是实施这一政策的基础和重要组成部分。

除了联邦政府，各州政府及地方政府也制定了各自的能源保护政策和鼓励措施。在社会民主党执政的各州有一个共同的特点，即建立了能源所，实施家庭的节能计划及城市的能源保护计划。在有些情况下，州政府也参与联邦政府的规划方案。

在低能耗房屋中电力设施起着很大的作用，因为只有当对热力的需求很低时电力供暖才可行。天然气供应商发现，他们可以把节能和低排放量作为他们占领市场高份额的最佳理由。燃油供应商为了保住他们的市场份额则接受很低的硫排放标准，并敦促设备生产商开发高效燃烧器。

二、政策手段的特点

在德国，虽然当局声称，有关建筑物中能源使用的政策手段是以市场为导向的，但实际上它是一种综合的政策。虽然执政党在变，但是这个领域的政策一直都不排斥使用强有力的政府措施，只要这些措施是有效的并对社会各群体不造成伤害。

因为，所有要素都包括在这个综合性的政策里了：

·制定并执行有关热量保护及设备效率最低水平的各种标准。

·财政刺激以及征税。

·消除妨碍因素，创造机会，依靠并加强市场力量。

这些措施非常集中，主要针对作出决策时的不同情形，这些决定是由不同的决策人作出的，可能是开发商、建筑设计师、投资者、房主自住者、房东、公共房屋代理机构或是承租人。这就意味着在每种情形下都必须为每一群体消除障碍并提供刺激手段。

这些标准限制了决定建筑结构和相应设备的决策者们的自由程度。财政刺激使投资者更愿意改进隔热设施提高暖气的功效。对隔热设施的改善和暖气功效的提高构成妨碍的因素在各个层面上都确定下来，包括开发商、投资者、建筑设计师、房东和承租人。承租人和房主因此得到机会左右他们的暖气费用，即使在多住户的房屋中也是如此，因为暖气费是根据暖气表上的实际消耗数来确定的，并且此项管理措施是强制执行。在此，价格信号显得更加突出，尤其是对那些实际居住在大楼里的住户。

实施和执行方面一开始就考虑到了与烟囱清洁工的合作是最有效的实施途径之一。而建筑设计师发放的证书作用下降了。同时建筑物的验收有可能是有偿的。

1. 针对新建建筑物的政策手段

针对新建建筑主要方法是制定了与以下方面有关的强制执行

的最低标准：

· 建筑物围护结构（窗户、墙壁、屋顶、顶棚、隔离地上部分与地下室的地面）的热量保持水平。与传热系数有关的标准在1978年生效，并于1984年和1995年两次修改，每次提高了20%~40%。从1984年开始，改建翻新的旧房也必须符合这些标准。

· 供暖系统的有效性。1978年相关标准开始生效，并于1994年和1998年修改提高。将于2001年执行的新条例会更加严格，它考虑了传输过程以及通风换气过程中的损耗和受益，以及暖气设备的有效性和其他方面。房屋每年所需的能量总量将成为有待观察的变量。

新建筑物政策手段的实施执行是通过两个管理步骤来加以保证的：

· 只有在建筑设计师证明达标以后才能得到建筑许可证。

· 只有检查以后才能发放使用许可证。

这些步骤后来证明并不特别有效。调查显示，隔热的有效性并非取决于已证实的标准。因此，将于2001年开始实施的新条例增添了一项新内容，规定每个新的建筑物都需持有经过证明的采暖证。

人们希望这个新的采暖证将使房屋的质量在房地产市场上更透明，这样才能赢得较高的价位，并使投资者和开发商受到鼓励。

2. 针对现有建筑物的政策手段

这些方法手段必须把不同的决策情形及理由考虑在内，包括房主自住以及公寓出租等情况。

(1) 房主自住的房屋。如果是房主自住的房屋，那政策必须依赖经济的刺激。一旦房主要对房屋进行整修时，标准就开始起作用。

· 市场：

——能源价格（通过税收提高能源的价格）；

——一旦采暖证开始使用，房屋在房地产市场的价值将升高。

•补贴（减免税收或提供额外的隔热设施资金补助）起着推动作用。

•标准：最低标准有待观察。如果需翻新，也不能超过传热系数的最大值。

(2) 出租房屋。如果是供出租的房屋，上面提到的刺激手段和标准就不会起到相同的作用，尤其是对投资者来说，价格信号并不起重要作用。这样一来，就只有靠修改租赁法来完善。以合理的方式向居住者转嫁隔热费和新的供暖系统费必须是可行的。

3. 关于供暖系统运转的政策手段

供暖系统，尤其是锅炉是建筑技术体系的一部分。与街区供暖房不同，供暖系统没有常设职工。为使供暖系统能最好地运行就必须制定标准。需受观察的变量是烟气温度，必须保持尽可能低的水平。

有关供暖系统运转的这些政策手段实施执行得非常有效，这是因为培训并雇佣了烟囱清洁工来进行管理。在德国，清扫烟囱是一门已持续一个世纪之久的行业。

偶尔，供暖系统的整修也会得到补贴。

4. 影响使用者行为的政策手段

能源的实际消耗是受标准的内容及建筑物的特性限定的。影响人行为的主要手段是价格的刺激以及削减供暖费用的机会如何。因此，按使用量付费就变得尤其重要了。在多住户的建筑物中，居住者或房主根据使用量来分摊暖气费用是基本要求。所以，在 20 年前，德国就已经开始强制执行这项措施了。其可靠性的保障是靠进行测算和分派的服务公司完成的。

按使用量付费越有效，使用者就越会有更多的选择来影响自己的决定。在这儿，管理方法就变得很重要，且必须加以规定。根据气候、夜间和节假日的供热需求自动进行调整也是很必要的。

能源的价格必须反映出成本，且尽可能是外部成本。这样，为了增加能源的成本及其可靠性，除了市场价格以外还征收了绿色税（生态税）。

三、结论

从以家庭采暖为目的的能源使用的发展角度看，德国的室内采暖节能政策可以说是非常成功的。近 30 年来，尽管采暖的居住空间比以前大了许多，但能源的消耗几乎没有上升过。自 1973 年以来，在过去的西德，每平方米居住面积的室内采暖能量消耗下降了约 30％。这尚未把公寓和房屋中采暖面积的增加以及舒适度的大大提高计算在内。总的来看，效果是非常好的，这是由较高价格和政策两方面的因素同时作用带来的。

不过这个政策是否在经济上有效还很难说。有些措施是极其昂贵的，特别是 70 年代给隔热设施发放补贴的措施，从而使得生产窗户的厂家数量激增，玻璃的价格猛涨。据评估，单纯在能源消耗方面的影响是很小的。尽管如此，该项计划的一天贡献是使德国人很早就认识到节约能源的可贵，而当时在很多人眼里这还只不过是微不足道的小事。

目前，一项大的新举措似乎正在酝酿之中。在德国，低能耗房屋已不再是稀奇的景象，它已成为一道亮丽的风景线，是人们的喜好和追求，也体现出一些房地产开发的重要特点。低能耗房屋已供不应求。

Paul H. Suding　德国技术合作公司　博士　邮编：100004

建筑节能进展

开拓中国清洁能源的未来——建筑节能研讨会召开

由建设部主办、美国能源基金会协办的开拓中国清洁能源的未来-建筑节能研讨会，2001年11月8日在上海召开。中国建设部、国家计委、国家经贸委、国家环保总局有关方面负责人武涌、白荣春、陈和平、刘显法、吴报中、徐金泉、张庆风，美国方面Aqua国际合作总裁Reilly，派克德基金会理事、劳伦斯伯克利国家实验室环境能源部主任列文，中国可持续能源项目主任欧道格等出席了会议，国内一些建筑节能专家以及夏热冬冷地区各省市建筑节能办公室的负责人也参加了会议。

会议由建设部建设科技促进中心副主任张庆风主持。建设部科技司副司长武涌、标准定额研究所副所长徐金泉，就中国建筑节能及标准的现状及对策发表了讲话，中国建筑科学研究院空调所所长郎四维和武汉市建筑节能办公室代表报告了夏热冬冷地区居住建筑设计标准的编制和实施情况，中国建筑科学研究院物理所所长林海燕介绍了夏热冬暖地区居住建筑节能设计标准的编制工作，郎四维所长和同济大学徐吉宛教授还分别通报了全国和上海商用建筑节能设计标准的研究和准备工作情况，建设部标准定额研究所陈国义副处长则分析了中国节能门窗的现状与发展。此外，美国自然资源保护委员会、劳伦斯伯克利实验室和节能联盟的三位专家，也分别就标准的执行政策、标准效果的监测与门窗标定系统做了报告。各地建筑节能办的代表还就建筑节能工作的情况和工作经验作了介绍。会议发言十分热烈。最后，由全国建筑节能专业委员会会长涂逢祥与劳伦斯伯克利实验室高级科学家黄昱做了总结讲话。

会议认为,尽管当前建筑节能面临诸多困难,中国的建筑节能事业仍将得到跨越式大发展。当前的工作重点是:提高全民的建筑节能意识,特别是其中关键人物的认识;重视建筑节能的法制建设,加强法规标准实施的管理监督;建立建筑节能的激励机制,加大对建筑节能的投入;推进建筑节能的产业化建设,规范建筑节能市场;加强建筑节能的国际合作,特别是通过能源基金会加强与美国有关单位的合作。

(洁 明)

21世纪中国的建筑节能国际研讨会论文集（中英文）出版

21世纪中国的建筑节能国际研讨会,由中国建筑业协会建筑节能专业委员会与世界自然基金会中国办事处于2000年12月在北京召开。我国有关政府机关、科研单位、高等院校、节能企业的一些代表,美国、德国、丹麦、荷兰等国,以及我国香港特别行政区的一些专家,在会上发表了一批论文,介绍了我国和几个发达国家建筑节能的发展状况,其中包括节能政策,建筑围护结构节能技术,采暖空调节能技术,热表、温控阀和采暖计量收费,建筑节能应用软件开发等。这些文章经过作者再整理后,由建筑节能专业委员会与世界自然基金会编辑出版。该中英文对照论文集尚有部分余书,售价包括寄费每册50元。需要者可将书款汇至北京南苑新华路一号建筑节能专业委员会。

（秋　丹）

中国国际建筑节能研讨会召开

由建设部科学技术司主办的中国国际建筑节能研讨会，于2001年12月20～21日在上海召开，同时中国国际建筑节能产品与技术展览会举行。

此次研讨会由建设部科技发展促进中心副主任张庆风主持。建设部科技司副司长武涌、处长韩爱兴分别就中国建筑节能现状与工作安排作了讲话，建设部标准定额研究所陈国义副所长介绍了建筑节能标准体系的建立，建筑节能专业委员会会长涂逢祥讲了中国建筑节能跨越式发展的若干思路，建设部科技委副主任聂梅生谈了绿色生态住宅的概念、设计及技术评估体系。重庆大学付祥钊教授，哈尔滨工业大学方修睦教授、赵立华副教授，东南大学杨维菊教授，天津大学赵军教授，中国建研院空调所徐伟副所长，上海市建委建筑节能中心陆善后主任，建设部建筑节能中心杨西伟高工、张小玲高工以及一批企业代表都在会上做了发言。到会的加拿大三位专家还就极端气候条件下的墙体设计、地源热泵系统以及能源效率的研究与开发作了介绍。会议气氛热烈、内容丰富。

研讨会的论文集也同时出版。

在此次研讨会后，还召开了有各地建筑节能办公室负责人参加的工作会议。

（沪 江）

我国城市居民能源消费现状

据外经贸部研究院市场研究部和有关部门最近对北京、上海、广州、沈阳、宜兴五城市居民能源情况的调查,目前我国城市居民生活能源消费的品种主要是电力、液化石油气、天然气、管道煤气;北方城市还有煤炭(冬季采暖用)。生活能源消费的主要用途是采暖、制冷、炊事、洗浴、照明和家用电器等。

目前,我国城市人均年生活用能消费为240kg/人,发达国家人均生活用能一般均超过1000kg/人(包括城市和乡村)。中国城乡居民生活终端商品能源消费量90年代初为15800万吨标准煤,占全国终端商品标准煤能源总消费量的16.8%。

从调查结果看,五城市全年人均能源消费量分别是北京802kg、沈阳648kg、宜兴360kg、广州321kg、上海290kg。北京、沈阳大大高于其他三城市的原因是北方城市采暖用能占总能耗比重大,分别达70.2%和67.9%,而宜兴、上海和广州各仅占2.4%、2.1%和0.09%。

从生活能源种类看,北京、沈阳两城市因冬季取暖,煤炭消费比重较高,分别为35.2%和10%。五城市中能源消费比重最大的为电力,依次是广州72.3%,宜兴64.3%,上海60.97%,宜兴64.3%,沈阳56.1%,北京38.2。液化石油气比重较高的是宜兴35.0%,广州20.8%,沈阳17.1%。管道煤气比重较高的是上海,达37.6%。天然气比重高的依次是北京14.34%,沈阳10%。

从能源消费用途看,沈阳、北京两城市冬季取暖时间长达4个月,采暖用能比重分别达70%和68%。南方城市夏季制冷能源消费较高,制冷能源消费比重广州23.7%、宜兴12.1%、上海

11.0%。炊事用能比重最高的是宜兴和上海,分别占 42.1%、40.4%,北京最小占 11.49%。洗澡用能比重较高的是广州和上海,分别占 19.1%和 13.1%。

家庭居室照明用能北方城市比重在 3%～4%之间,南方城市 8%～13%之间。家用电器用能占比例最高的是上海,占 24.04%,其他依次是广州 23.7%,宜兴 18.1%,北京 10.6%,沈阳 5.6%。

(兴 华)

北京市房屋开发总工关注建筑节能

由北京市最大的20多家房屋开发公司总工程师组织的联席会议，根据北京市建筑节能与墙体材料革新办公室和北京城建科技促进会的建议，最近专门召开会议，研讨建筑节能及外墙外保温问题。北京市建筑节能办公室主任祝根立、北京城建科技促进会理事长林寿、监事长方展和，各开发公司总工共40多人参加了会议。

会上，首先由北京市建筑节能办公室总工游广才，介绍了北京市建筑节能和外墙外保温发展情况，并请振利高新技术公司总经理黄振利介绍ZL保温浆料外墙外保温技术，请亿丰豪斯沃尔公司总经理邸占英介绍现浇混凝土聚苯板外墙外保温技术。上述两种外墙外保温技术已在北京及外地工程中广泛应用，信誉良好。还特邀请建筑节能专业委员会长涂逢祥教授作了建筑节能与外墙外保温的专题报告。

研讨会大大加深了各开发公司总工对于建筑节能重要性和外墙外保温优越性的认识，对建筑节能和外墙外保温的技术要点也有了进一步的理解。会后，不少开发公司要求报告人到本单位讲课，以推动各单位建筑节能工作的开展。

（木　尼）

供热计量技术与管理国际研讨会在天津召开

由天津市建设委员会主办的"中国天津供热计量技术与管理国际研讨会",于 2001 年 10 月 28～30 日召开。天津市供热交流中心同时揭幕。北方地区供热管理及技术人员、建筑节能和供热专家,以及德国、美国、丹麦和波兰等国的专家和企业代表 100 多人参加了会议。

天津市建委主任王家瑜致开幕词,建设部城建司副司长王天锡做了供热体制改革总体思路的报告,天津市供热办主任崔志强介绍了天津市供热收费机制改革的实践经验,中国城镇供热协会理事长李秀讲了我国城镇供热事业的情况,中国建筑业协会建筑节能专业委员会会长涂逢祥介绍了我国建筑供热体制改革概况,中国城镇供热协会副理事长曾享麟谈了供热改革中的问题与建议,建设部城建司供热改革办主任副主任徐忠堂做了城市供热改革势在必行的讲话。中方发言的还有:清华大学教授狄洪发、天津大学教授刘应宗、涂光备、哈尔滨工大教授方修睦、建设部城市建设研究院教授许文发等。

波兰华沙住房合作社主席斯泽岑聂斯卡就波兰的能源策略、丹麦奥登塞市集中供热公司总经理助理斯托思费格就丹麦的热计量技术与收费体制、美国一世能源公司总裁乌迪就区域能源系统的优点、丹麦 VEKS 供热公司总经理谷莱弗就热计量表的安装带来消费者行为的变化都作了讲演。

研讨会还出版了中英文的论文集。

(津　南)

外墙外保温理事会发布行业
规范经营公约

外墙外保温理事会经过全体理事成员的认真商讨，制订出外墙外保温行业规范经营公约如下，自 2002 年 1 月 1 日起试行。

为适应社会主义市场经济体制，贯彻国家有关政策法规，规范外墙外保温市场行为，确保外墙外保温工程质量，提高行业的整体素质，推动我国建筑节能事业的健康发展，保障企业的合法权益，特制订本规范经营公约。

一、严格遵守国家的政策和法规的规定，依法生产，合法经营。以优质的服务，按合同规定的要求，按时完成所承担的外墙外保温工程任务。

二、各企业必须建立和健全质量保证体系，制订出产品标准，并经当地技术监督管理部门备案，按照国家、行业和地方的标准规程、技术指南保证材料质量和工程质量。不得偷工减料、粗制滥造，严禁生产和使用伪劣产品，杜绝做虚假宣传。

三、遵循公平、合理和正当竞争的原则，自觉维护行业内的正常经营秩序，不侵犯其他企业的知识产权和商业秘密。

四、加强价格的协商协调，实事求是地进行工程报价，不得盲目削价倾销，反对以降低质量为代价的压价竞争行为。

五、维护理事会成员之间的团结协作，相互交流技术，观摩工地。对于行业中存在的热点、难点和重大问题，积极进行研讨、协商；在遇到材料、设备等发生困难时，应鼎力相助；在成员之间发生纠纷时，由理事会会同政府有关部门进行调查、协调和处理。

六、热诚接受政府部门、社会各界和业内同行的监督，认真听取各方面的批评建议。

建筑节能专业委员会组团赴欧洲考察

由中国建筑业协会节能专业委员会和北京亿丰豪斯沃尔新型建材公司组团，于2001年9月到欧洲进行建筑节能考察。该团成员还有北京市节能墙改办、沈阳市节能墙改办及北京市建筑设计院的人员。该团先后到法国建筑科学技术中心（CSTB），圣戈班（SAINTGOBAIN）伟伯（Weber）公司，德国费特拉（Viterra）能源服务公司，德国巴斯夫（BASF）公司，英国建筑研究院（BRE），英国建筑批准署（BBA）等单位进行考察，受到了热情的接待。在考察期间，听取了他们关于近期建筑节能规范标准工作进展情况，以及节能新材料、新技术的介绍，参观了实验室、示范工程、生产工厂和施工工地，并进行了座谈讨论，内容十分丰富。考察报告在本书"国外建筑节能"栏内分三篇发表。

（欧　明）

武汉市积极推进建筑节能

武汉市通过政策引导、市场调节、以点带面、逐步推开的途径，扎扎实实地做了大量基础工作，使建筑节能事业稳步发展。

1. 加强宣传。经常在电视台和报纸上介绍有关建筑节能的政策、知识、技术，并发布有关信息，使社会各阶层人士了解建筑节能，在工作生活中注意建筑节能。还办了《墙改与节能》杂志和"武汉墙改与建筑节能"网站（www.whqgjn.com），建立与社会广泛沟通的桥梁。

2. 制定了《武汉市墙体材料改革、建筑节能及化学建材"十五"计划及2015年发展规划纲要》。召开全市墙改与建筑节能工作会，涂勇副市长在会上对实施规划作了部署。

3. 将"夏热冬冷地区居住建筑节能设计标准"中强制性条文纳入施工图审查范围，从设计这道关把起，确保节能标准的实施。

4. 从2000年开始编制节能建筑围护结构构造图集，已完成初稿，准备在2002年通过湖北省标办组织的评审，以省标的形式发布。

5. 2001年组织专家编写了"建筑节能设计基础"一书，由武汉市出版社出版。该书于2002年初出版后，组织对设计、施工、开发商和管理人员的培训。

6. 2001年组织了3个示范小区的建设，共38万 m^2。此三小区均采用中空玻璃窗，外墙符合国家标准和武汉市规定，其供热空调设施各具特色。

7. 草拟了"武汉市民用建筑节能管理规定"，已上报武汉市政府法制办。

8. 加大科研力度，开展了"公共建筑空调能耗现状及节能潜力分析"的科研工作，对武汉市空调能耗进行调研，分析节能途径，评估节能潜力。

9. 组建了武汉市建筑节能检测中心，通过认证取得了检测资格，可承担围护结构传热系数测定、门窗物理性能测定等业务。

（楚　江）

"ZL胶粉聚苯颗粒高层外保温成套技术"通过成果评估

北京振利高新技术公司的"ZL胶粉聚苯颗粒高层外保温成套技术"近期在北京通过建设部的技术评估。

振利公司多年来从事外墙外保温材料和技术的开发研制工作，先后研制出"ZL聚苯颗粒保温浆料"，"ZL聚苯颗粒外保温施工技术体系"等。在不断改进和创新的过程中，北京振利公司的技术着重解决了保温浆料、耐碱玻纤网格布、抗裂砂浆、弹性涂料等方面的技术问题。此次评估的技术，是在把墙体保温、抗裂防护、装饰功能集为一体，吸收美、德、意大利等国家经验的基础上，自主开发出适合我国国情和北京地区实际情况的外墙外保温技术体系，并在工程实践的基础上研制出的成套技术。其技术特点是耐候性强、柔性渐变防裂技术的构造设计、考虑了风压及地震作用等因素对高层建筑的影响、并进一步发展了ZL聚苯颗粒保温材料复合有网聚苯板技术体系和ZL聚苯颗粒保温材料复合无网聚苯板技术体系。材料具有导热系数低，耐候性好，抗风压能力强，憎水性好，透气性强，耐火性好等特点。

此项技术目前已在300多个工程中应用，外墙外保温面积100多万m^2。

此项技术通过了建设部组织的资深专家评估组的评估。专家们认为，此项成套技术保温隔热、耐候、憎水、耐火、水蒸气渗透等性能较好。其构造设计与施工工艺合理，技术成熟、操作简便，性能稳定，造价低廉。此项成套技术的另一特点是大量使用粉煤灰及回收的聚苯乙烯废弃物，有利于保护环境，节约能源。该成套技术的研究达到了国际先进水平,可以推广应用。

中国建筑工业出版社出版了《ZL胶粉聚苯颗粒保温材料外墙外保温技术百问》一书,向全国发行。

(芳 韵)

《建筑节能》第 33～36 册

(2001 年)

总 目 录

一、21 世纪初建筑节能走向

21 世纪初建筑节能展望 ………… 涂逢祥（33-1）
当前建筑节能的情况与工作安排
………… 建设部建筑节能办公室（33-12）
环境、气候与建筑节能 ………… 吴硕贤（33-22）
减少建筑能耗的途径 …………… 王荣光（33-32）
怎样在中国建设高舒适度低能耗的住宅建筑
………………………………… 田原等（33-41）
建设单位是开展建筑节能的关键所在 ……方展和（33-52）

二、建筑围护结构节能

无机矿物外墙外保温系统 ……………… 管云涛（34-1）
采用 ZL 聚苯颗粒保温材料体系解决保温墙面裂缝问题
………………………………… 黄振利等（34-10）
外墙外保温防护面层材料 ………… 邱占英（34-20）
用于外墙和屋面的上海永成 EIFS 建筑外保温系统
………………………………… 周强等（34-26）
"可呼吸"的外墙 ……………… 杨红等（34-35）
用挤塑聚苯板作倒置屋面保温层 …… 王美君（34-40）
生态型节能屋面的研究 …………… 白雪莲等（34-46）
屋面被动蒸发隔热技术分析 ……… 刘才丰等（34-55）
屋面绝热板的改进与应用研究 …… 杨星虎等（34-62）

外围护结构节能设计浅谈 ·············· 王薇薇等（34-72）
现浇混凝土外墙与外保温板整体浇注体系
·································· 顾同曾（35-67）
从舒适性空调建筑围护结构热工性能看建筑节能
································ 聂玉强等（35-80）
浅谈采暖居住建筑保温节能设计原则 ······ 周滨北（35-87）
既有建筑节能改造外保温墙体保温设计
································ 越立华等（35-91）
对建筑的窗墙比和窗户节能问题的探讨 ··· 吴雁等（35-98）
聚氨酯泡沫复合物节能门窗安装密封胶
·································· 范有臣（35-104）
试论建筑外窗的夏季节能 ·············· 石民祥（36-63）
南方炎热地区玻璃幕墙与门窗的节能问题
·································· 杨仕超（36-76）
铝质门窗的若干节能技术问题 ·········· 班广生（36-93）
正确选用中空玻璃 ···················· 徐挂芝等（36-107）
建筑镀膜玻璃及其复合产品的节能性能
·································· 许武毅（36-112）

三、建筑供热体制改革

城市供热改革的情况与政策 ············ 杨鲁豫（33-89）
北京市标准《新建集中供暖住宅分户热计量设计技术规程》简介
·································· 张锡虎等（33-95）
热量表产业化的若干理论和技术问题 ···· 王树铎（33-100）
采用地板热辐射采暖、热表计量，促进建筑节能全面发展
·································· 池基哲（33-109）
建筑采暖计量收费体制改革 ············ 涂逢祥（35-1）
集中供热/冷系统中能量计量 ············ 喻李葵等（35-12）
对集中供暖住宅分户热计量若干难点的再思考
·································· 张锡虎等（35-21）

计量供热系统设计探讨 ………………………… 王　敬（35-31）
北京市当前建筑采暖节能中的两个问题 … 方展和（35-37）
采暖制度改革若干问题的研究与思考 …… 王真新（35-45）
城市采暖供热价格制定管理 ……………… 刘应宗等（35-53）
单户燃气供热相关问题探讨 ……………… 许海峰等（35-60）
城市采暖供热价格执行管理 ……………… 刘应宗等（36-124）
欧盟国家推行分户热计量收费现状分析 …… 辛坦（36-130）
坚持集中供热，发展热电联产，认真做好城市能源规划
　………………………………………… 许海松等（36-139）
采暖分户计量后内墙是否加做保温 ……… 江　亿（36-147）

四、中国南部地区的建筑节能

夏热冬冷地区住宅热环境设计研究 ……… 柳孝图（35-58）
广州地区民用建筑节能技术研究与应用进展
　………………………………………… 冀兆良等（33-67）
夏热冬暖地区的建筑节能 ………………… 任　俊等（33-74）
夏热冬暖地区住宅建筑热环境分析 …… 孟庆林等（33-80）
夏热冬暖地区空调室内空气品质的改善与节能
　………………………………………… 聂玉强等（34-80）
关于夏热冬冷地区住宅楼体形系数的比较与分析
　……………………………………………… 王　炎（34-91）
广州地区住宅建筑能耗现状调查与分析 ……
　………………………………………… 何俊毅等（34-97）
夏热冬冷地区建筑能耗的模拟研究 …… 侯余波等（34-109）
安徽省民用建筑节能设计标准与编制概况
　………………………………………… 王俊贤等（34-118）

五、建筑节能标准

加强建筑节能标准化，为建筑节能工作服务
　………………………………………………… 徐金泉（36-1）
《夏热冬冷地区居住建筑节能设计标准》简介
　………………………………………………… 郎四维等（36-7）

《夏热冬冷地区居住建筑节能设计标准》编制背景
.... 涂逢祥（36-17）
夏热冬冷地区建筑围护结构节能措施 ...... 付祥钊（36-26）
《夏热冬冷地区居住建筑节能设计标准》暖通空调条文简介
.... 郎四维（36-33）
《采暖居住建筑节能检验标准》实施与工程节能验收
.... 徐选才（36-47）
关于《既有采暖居住建筑节能改造技术规程》的编制
.... 陈圣奎（36-51）
英国建筑规范中的节能要求 .... 乔治·韩德生（36-55）

六、建筑节能检测

绝热材料及其构件绝热性能测试方法回顾
.... 周景德等（35-106）
建筑幕墙门窗保温性能检测装置 .... 刘月莉等（35-117）
天津市龙潭路节能示范住宅检测 .... 杜家林等（35-123）